뿌리기술

도금전후처리 개론

고재철 지음

도서출판 W+위즈덤플

머리말

뿌리산업은 나무의 뿌리처럼 겉으로 드러나지 않으나 최종 제품에 내재(內在)되어 제조업 경쟁력의 근간(根幹)을 형성하고 있으며, 표면처리는 뿌리산업의 기반공정기술 중 하나이자 핵심기술입니다.

뿌리 깊은 나무는 바람에 흔들리지 않기 때문에 꽃이 아름답고 열매를 많이 맺을 수 있습니다.

아름다움을 위해서 얼굴화장에 공을 많이 들이듯이 생산제품의 경쟁력을 확보하기 위하여 표면처리는 이에 못지않은 기술로 공을 들여야 합니다.

표면처리의 핵심기술인 도금(plating) 본처리는 각종 생산공정상 최종가공단계로서 제품의 표면에 금속 또는 합금, 금속화합물을 피복시키는 표면처리 가공기술입니다. 이 본처리가 훌륭하게 되려면 전처리와 후처리의 과정을 반드시 거쳐야 하는 경우가 대부분입니다.

산업구조에서 생산되는 모든 제품의 가치상승에 핵심이 되는 표면처리 기술의 친환경 청정생산시스템을 구현하기 위한 본 도서의 기여를 기대합니다.

2025년 4월

차례

1장
서론

표면처리(Surface treatment)는 제품의 표면성질을 향상시키기 위한 모든 처리를 말하며, 금속이나 플라스틱을 비롯한 다양한 소재를 대상으로 표면처리가 이뤄지고 있다. 그 중 금속의 표면에 대한 도금이 표면처리의 주종을 이룬다.

도금(Plating)은 금속의 표면이나 비금속표면에 다른 금속을 사용하여 피막을 만드는 처리이며, 처리방법으로는 전기도금, 화학도금, 용융도금, 진공도금, 침투도금, 이온도금 등이 있다.

금속은 부식이나 마모 등에 의하여 단시간에 소모되므로 부식을 방지하고, 느린 부식을 위해서, 또한 금속의 내마모성, 내열성 및 기타 기능을 향상시키는 것은 물론 금속표면의 색채와 광택을 증진시키기 위한 목적으로 다양한 기법을 이용하여 금속의 표면을 처리하고 있다. 이것을 금속표면처리라고 한다.

금속표면처리의 종류는 도금(plating), 화성처리(chemical coating), 양극산화피막, 도장(塗裝, painting), 라이닝(lining), 표면경화 등의 기술이 있다.

표면처리는 소재의 종류, 오염정도, 오염종류, 기능성 약품 등에 따라 다양한 방법들이 이용되고 있다.

소재표면의 내식성이나 미관 등의 성질을 향상시키기 위해 도금 및 도장을 함으로써 개선되는 표면처리의 기능은 [표 1.1]과 같이 정리할 수 있다.

[표 1.1] 표면처리의 기능

특성	내용
기계적 특성	경도, 강도, 내마모성, 내식성 등
전기적 특성	전기전도성, 저항특성, 전자파 차폐성, 자성 등
광학적 특성	광택성, 반사방지성, 선택적 흡수성 등
열적 특성	내열성, 열전도성, 열흡수성, 열방사성 등
물리적 특성	납땜성, 접착성 등
화학적 특성	내약품성, 살균성, 내식성, 촉매성 등
장식 특성	색상, 모양, 광택성, 무광택성 등

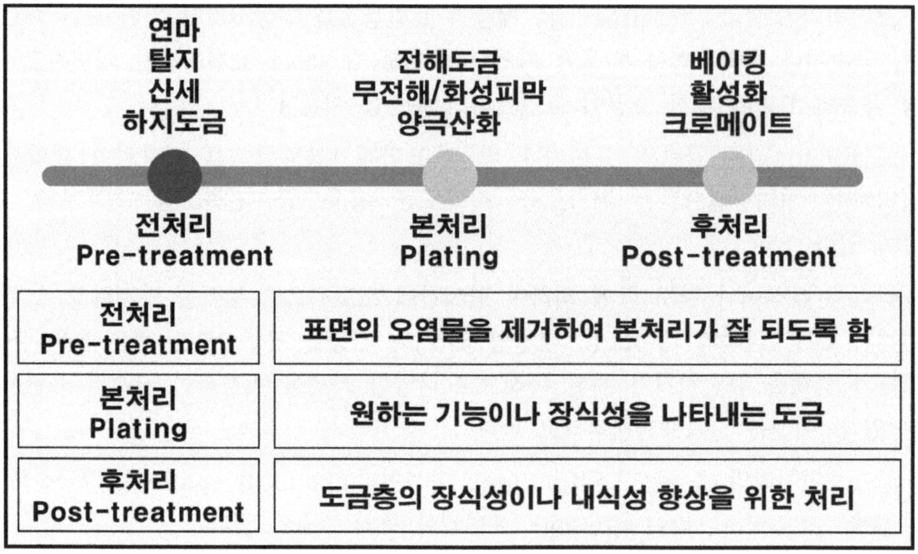

〈그림 1.1〉 도금공정의 기본과정

도금에 널리 이용되는 금속은 약 10종류로서 크롬(Cr), 철(Fe), 코발트(Co), 니켈(Ni), 구리(Cu), 아연(Zn), 로듐(Rh), 팔라듐(Pd), 은(Ag), 카드뮴(Cd), 주석(Sn), 백금(Pt), 금(Au), 납(Pb) 등이 있다.

금속 또는 플라스틱 등에 원하는 모양으로 표면을 처리하는 단계에는 크게 전처리(Pre-treatment), 본처리(Plating), 후처리(Post-treatment)의 3단계로 〈그림 1.1〉과 같이 구분할 수 있다.

본처리는 표면처리 기술이 적용되는 것으로 원하는 기능향상, 수명연장 및 장식하는 단계이며, 흔히 도금(plating)이라고 한다.

도금은 각종 생산공정상 최종가공단계로서 제품의 표면에 금속 또는 합금, 금속화합물을 피복시키는 표면처리 가공기술이다. 그러나 이 본처리가 훌륭하게 되려면 전처리와 후처리의 과정을 반드시 거쳐야 하는 경우가 대부분이다.

전처리는 소재의 표면에 묻어있는 오염물을 제거하는 과정으로 산화피막제거, 연마, 탈지, 산처리 등이 있다.

후처리는 도금층의 장식성이나 내식성 향상 등 품질상향과 제품의 결함을 없애기 위한 과정으로 크로메이트 처리, 유기피막처리 및 열처리 등의 과정이 있다.

[표 1.2] 도금과 화장의 순서 및 목적

도금의 순서		화장의 순서	
탈지	✓ 소재 이물질, 기름 제거 ✓ 초음파, 기계교반 등 사용 ✓ 탈지제 사용	세수	✓ 눈곱, 기름 제거 ✓ 물을 끼얹고 손으로 얼굴을 문지른다. ✓ 비누나 폼을 사용
산세	✓ 소재 표면의 산화막 제거 ✓ 본 도금이 잘 되도록 함	클렌징	✓ 피부와 모공의 노폐물 제거 ✓ 화장품 흡수가 잘 되도록 함
하지 도금	✓ 기공, 흠집 숨기기 ✓ 본 도금이 잘 되도록 함	기초 화장	✓ 잡티, 모공 숨기기 ✓ 본 화장이 잘 되도록 함
본 도금	✓ 부식방지, 장식, 전기 및 기계적 특성에 따라 다른 도금을 함	본 화장	✓ 친구와 만남, 소개팅, 신부 화장 등 상황에 따라 다른 화장을 함

본처리가 잘되기 전에 전처리가 만족스럽게 행해져야 하며, 후처리에서는 본처리에서 발생된 문제해결 및 품질향상을 위해서 잘 마감할 수 있어야 한다.

도금의 진행에는 다양한 과정들이 필요하며, 일반적인 도금의 공정들은 탈지, 에칭, 디스머트, 징케이트, 하지도금, 전해도금, 무전해도금 등이 있다. 이런 일련의 복잡한 과정은 얼굴화장에 비교되기도 한다. 화장을 할 때 가장 먼저 세수를 한 후, 기초화장에서 색조화장까지 수많은 단계를 거친 후에야 비로소 아름다운 화장을 마무리하게 된다. 도금과 화장의 순서 및 목적은 [표 1.2]에 나타낸 바와 같다.

금속의 표면처리 기술에는 전기도금, 화학도금, 용융도금, 침투도금, 금속용사, 음극 스패터링, 진공도금, 이온도금, 화성처리, 도장, 라이닝, 코팅, 표면경화 등 다양한 방법들이 있다. 이들 금속표면처리의 종류를 분류하고 그 방법들의 용도는 [표 1-3]에 나타내었다.

[표 1.3] 금속표면처리 종류의 분류

금속표면처리		용 도
도금	전기도금	전기에너지를 이용하여 금속 또는 비금속 소지(素地)에 다른 금속의 피막을 만들어 주는 방법. - 장식품, 공업용품 등
	화학도금	화학변화를 이용하여 금속 또는 비금속표면에 다른 금속의 피막을 만들어 주는 방법. - 플라스틱, 금속의 일부
	용융도금	금속을 도금하고자 하는 금속의 용융체에 담가서 용융금속의 피막을 만들어 주는 방법. - 아연 및 주석 도강판, 아연도파이프 등
	침투도금	금속에 다른 금속을 확산 침투시켜서 합금의 피막을 만드는 방법. - 내식 및 내열 등의 목적에 사용
	금속용사	금속표면에 다른 용융금속을 분무기로 뿌려서 피막을 만들어 주는 방법. - 메탈라이징, 원유류탱크 및 탱크의 내부, 마모된 부분의 보수 등
	음극 스패터링	진공내에서 +이온의 입자로 음극 물질을 때림으로써 음극물질이 증발하여 진공내의 물건에 피막을 만드는 방법. - 레코드판 등 금속 및 비금속 위의 금속피막
	진공도금	금속 또는 비금속표면에 다른 금속을 진공내에서 증발시켜 금속피막을 만드는 방법. - 각종 플라스틱 장식품, 장신구, 렌즈 등
	이온도금	글로우 방전으로 금속이나 가스를 +로 이온화시키고 가속하여 음극소지에 피막을 만드는 방법. - 각종 금속, TiN, TiC 등으로 내열, 내마모성 피막 생성
화성처리		금속표면에 화학변화를 일으켜서 산화피막 등을 만들어주는 방법. - 방식 및 도장하지용 피막, 금속 착색
도장		금속표면에 도료를 도포하여 방식과 미관을 좋게하는 방법. - 각종 철물의 기계구조 및 건축물
라이닝		금속표면에 고무나 합성수지 등의 피복을 해주는 방법. - 화학장치류, 도금탱크 등
코팅		금속표면에 합성수지 또는 범랑(enamel), 세라믹 같은 투명 수지피막 또는 유리질 피막을 만드는 방법. - 금속의 방식, 도금의 색상유지, 범랑 등
표면경화		금속표면에 탄소나 질소를 침투시켜 경도가 큰 피막을 만들어 주는 방법. - 기어 등 내마모성과 경도를 표면에 요하는 부속품 등

2장

표면처리의 기본지식

2.1 물리특성

2.1.1 용액

액체에 다른 물질이 분자(分子)의 상태로 균일하게 서로 혼합되어 있는 것을 용액(solution)이라고 한다. 물과 소금물은 겉으로 보기에는 똑같이 투명하여 분간하기 힘들지만, 소금이 물에 녹아서 분자구조 균일하게 되어 있는 것을 용액이라고 한다. 한편, 소금물에서 소금과 같이 물에 녹아있는 물질을 용질(solute)이라 하며, 물과 같이 소금을 녹이는 물질을 용매(solvent)라고 한다.

2.1.2 용해도

용질이 어떤 온도에서 용매에 녹아 포화상태까지 녹을 수 있는 최대한도를 말하는데, 보통 용매 100 g에 최대로 녹을 수 있는 용질의 양(g)을 용해도(solubility)라고 한다. 이는 온도, 용매와 용질 종류 등에 영향을 받는다. 용해도를 표시할 때는 용질, 용매의 종류, 측정한 온도를 같이 표시해야 한다. 충분히 녹는시간을 준 후에 용질이 용매에 침전되어 있으면 이 액은 포화용액(saturated solution)이다.

2.1.3 농도

용액의 농도는 백분율(%)와 몰농도(M) 등으로 나타내고 있다.

(1) 백분율(Percent, %)

용액 100 g(또는 100 ml) 중에 용해되어 있는 용질의 g수로 나타낸다.

10%의 $NaOH$ 용액을 만들려고 하면, 용질($NaOH$) 10 g을 용매(물, 증류수) 90 g에 용해시켜서 총량 100 g으로 만든다.

(2) 몰농도(M농도, mol/l)

용액 1 l중에 들어 있는 용질의 몰(mol-g분자)수를 몰농도 또는 M농도라 한다.

1 l중에 $NaOH$ 40 g(1 g분자량)을 갖는 용액이며, 4 g을 갖는 용액은 0.1 M용액이라 한다.

(3) 규정액($N, normal$)

용액 1 l중에 들어 있는 용질의 g 당량수를 규정도라 한다.

1 l중에 $NaOH$ 40 g($NaOH$의 당량가는 1가(價)이므로 1 g분자량=1당량)을 가진 용액을 1 N 용액이고, H_2SO_4 98 g(1 g분자량=2당량)을 갖는 용액은 2 N 용액이다.

(4) 비중(Specific gravity)

표면처리액의 농도를 알기 위해서는 〈그림 2.1〉과 같이 비중계(比重計)를 사용하여 비중을 측정할 때도 있으며, 보통 보오메비중계(Baume hydrometer)를 많이 사용하고 보오메度(Bé)한다.

물보다 가벼운 액체의 비중을 측정할 때 경보오메계(Light Baume-type)를 사용하고, 물보다 무거운 액체의 비중을 측정할 때 중보오메계(Heavy Baume-type)를 사용한다. 도금액이나 파커라이징액은 중보오메계를 사용하며, 알코올이나 신너(thinner)와 같은 용액은 경보오메계를 사용한다. 여기서 중보오메계의 경우 보오메도는 식(2.1)과 같이 나타낼 수 있다.

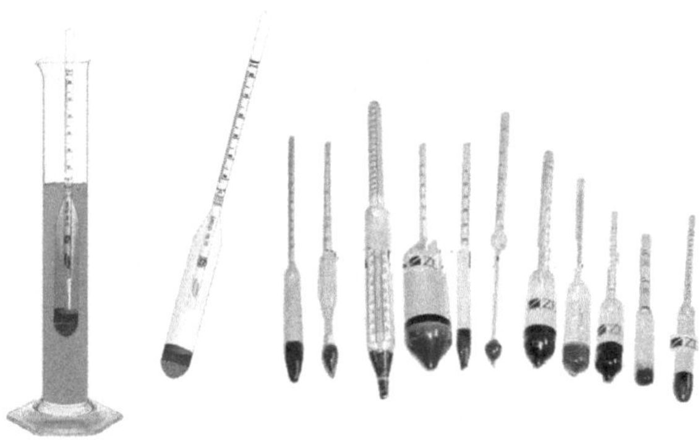

〈그림 2.1〉 보오메비중계

$$B = \frac{d \times 144.3 - 144.3}{d}$$ ··· 식(2.1)

여기서, d : 비중, B : 보오메도(Bé)

(5) 열량과 비열

열량은 물질의 온도를 높이거나 낮추는데 소요되는 열의 양, 즉 에너지의 양이며, 단위는 칼로리(cal)를 사용한다. 비열은 어떤물질 1 g을 온도 1℃ 높이는데 필요한 열량(cal)을 의미하며, 물의 비열은 $1kcal/kg \cdot$℃ 이다.

열량은 식(2.2)에 의해서 계산할 수 있다.

$$Q = m \cdot Cp \cdot \triangle T$$ ··· 식(2.2)

여기서, Q : 열량, m : 질량, Cp : 비열, $\triangle T$: 온도(℃)

또한, 전기에너지를 이용하여 액을 가열할 경우, 소요시간과 열량의 관계는 $1kWh = 860\,kcal$이다.

> [문제] 20℃의 도금액 100 l를 60℃까지 높이려면 몇 cal의 열량이 필요하며, 소요전력(kWh)은 얼마인가?
>
> $$100\,l \times \frac{1000\,ml}{1l} \times (60-20)℃$$
>
> $$= 4{,}000{,}000\,cal = 4{,}000\,kcal (\because\ 1\,kcal = 1{,}000\,cal)$$
>
> $1kWh = 860\,kcal$로부터 $\frac{4{,}000\,kcal}{} \times \frac{1kWh}{860\,kcal} \fallingdotseq 4.65kWh$이다.

- 1 W : 1초(sec)동안에 1 J의 에너지를 사용한 일. = 일률($1J/s$)
- 1 J (줄) : 에너지의 기본단위($1J = 0.24cal,\ 1cal = 4.184\,J$)
  1 N의 힘으로 물체를 1 m 이동시키는데 필요한 에너지
- 1 cal : 1 g의 물의 온도를 1℃ 높이는데 필요한 에너지

- 단위변환
  - $1\,W = 1J/s,\ \because J = W \times s$
  - $1\,kW = 1{,}000\,W$
  - $1\,kWh = 1000\,W \times 1h = 1000\,W \times 3600s = 3600000\,J = 3.6 \times 10^6\,J$
  - $1\,kcal = 1000\,cal = 4184\,J$
  - $1\,kWh = 3600000\,J \times \frac{1kcal}{4184\,J} = 860\,kcal,\ \therefore 1\,kWh = 860\,kcal$

(6) 도금에서 사용하는 기초단위

도금의 단위는 여러가지가 있으며, 공학분야에서 사용하는 일반적인 단위들로서 [표 2.1]을 참고할 수 있다. 도금의 두께단위는 미크론(micron)이며, 1 mm를 1,000 등분한 1개의 눈금을 1 μ(1미크론)이라고 한다. 도금물체의 표면적은 평방데시미터 (dm^2)라고 하며, $1\,dm^2$ 는 $10\,cm \times 10\,cm = 100\,cm^2$이다.

[표 2.1] 도금의 기초단위

단위기호		설명
A	암페어(ampere)	전류의 단위
F	패러데이 상수 (Faraday constant)	1몰(mol)의 전자가 가진 전하량 $F = 96{,}485\ C/mol$
C	쿨롬 (Coulomb)	1쿨롬은 전류 1A가 1초(s)동안 흘렀을 때 이동한 전하의 양
A/dm^2 (ASD)	암페어 퍼 평방데시미터 (ampere per square decimeter)	전류밀도의 단위 $1\,dm^2(100\,cm^2)$당 흐르는 전류의 강도를 A로 나타낸 것.
μ	미크론(micron)	$1\,m$ 의 $1/1{,}000{,}000$
Å	옹스트롬(angstrom)	$10^{-10}m = 10^{-8}cm = 0.1\,nm$
in	인치(inch)	$1in = 2.54cm$
mil	밀(mil)	길이단위, $1\,mil = 0.001\,in = 25.4\,\mu m$ $1\,mm = 40\,mils$

dm^2	평방데시미터 (Square decimeter)	도금면적, $10\ cm \times 10\ cm = 100\ cm^2$
gal	갤런(gallon)	$3.785\ l$
lb	파운드(pound)	$453.59\ g = 0.454\ kg$

2.2 전기

2.2.1 오옴의 법칙(Ohm's law)

전류(electric current)는 전하의 흐름으로 단위시간 동안에 흐른 전하의 양으로 정의된다. 물이 높은 곳에서 낮은 곳으로 흐르듯이 전하는 전기적인 위치에너지가 높은 곳에서 낮은 곳으로 이동한다. 전하의 흐름은 기전력(起電力)이라는 힘으로부터 흐르며, 전선과 같은 도체, 전해질의 특성을 갖는 이온, 플라스마 등에서 일어난다.

전류의 SI단위는 암페어(A, Ampere)로 $1A$는 1초(s, sec)당 1쿨롱(C)의 전하가 흐르는 것으로 식(2.3)과 같이 나타내며, $1A{\cdot}h = 3600\ C$이다.

$$1C = 1A \times 1s \quad \text{식(2.3)}$$

전자 $1mol$(약 6.022×10^{23}, 또는 아보가드로 수)의 전하를 패러데이 상수(Faraday constant)라고 하며, 보통 F 로 나타낸다.

$$F = 96{,}485\ C/mol \quad \text{식(2.4)}$$

도체에서 두 지점사이에 생기는 전위차(E)에 의해 흐르는 전류(I)가 일정한 법칙에 따르는 것을 말한다. 두 지점 사이의 도체에 일정한 전위차가 존재할 때 도체의 저항(R, resistance)의 크기와 전류의 크기는 반비례하는 관계로 식(2.5)와 같이 나타낸다.

$$E = I \times R \quad \cdots\cdots \text{식(2.5)}$$

여기서, E : 전압(V, volt) I : 전류(A, ampere) R : 저항(Ω, ohm)

도체의 저항은 도선의 길이에 비례하고 그 단면적에 반비례하며, 식(2.6)과 같이 나타낼 수 있다. 따라서, 철사, 구리선 등은 길이가 길수록 저항이 크고, 굵을수록 저항이 작다. 물질별 비저항을 [표 2.2]에 나타내었다.

$$R = K \times \frac{l}{S} \quad \cdots\cdots \text{식(2.6)}$$

여기서, R : 저항(Ω)

K : 길이 $1\ m$, 단면적 $1\ m^2$인 물질의 저항(비저항, $\Omega \cdot m$)

l : 도선의 길이(m)

S : 도선의 단면적(m^2)

[표 2.2] 물질의 비저항($\Omega \cdot m$)

물질	비저항($\Omega \cdot m$)	물질	비저항($\Omega \cdot m$)
은	1.59×10^{-8}	흑연(반도체)	3.5×10^{-5}
구리	1.68×10^{-8}	규소(반도체)	2300
알루미늄	2.65×10^{-8}	유리	1010 ~ 1014
텅스텐	5.6×10^{-8}	고무	1013 ~ 1016
철	9.71×10^{-8}	나무	108 ~ 1011

(1) 직류(direct current, DC)

도선을 통해 높은 전위에서 낮은 전위로 전류가 연속적으로 흐르는 것을 직류(또는 연속전류)라고 한다. 직류에서 전하(電荷)는 항상 같은 방향으로 흐르기 때문에 전하의 방향, 극성이 항상 같다. 하지만 크기는 다를 수 있다.

- 초고압직류송전(high-voltage direct current, HVDC)는 전력 그리드 시스템 중 하나이다. 기존의 교류를 사용하는 그리드와 대조적으로 직류를 대량으로 송전하는 시스템이다. HVDC는 동기화를 하지 않아도 되며, 소스와 부하간의 링크를 독립적으로 조절할 수 있으므로 전력의 급격한 변화로 인한 장애에서도 시스템을 안정화시킬 수 있다. 먼거리의 HVDC 송전은 일반적으로 같은 교류 송전보다 가격이 저렴하고 에너지 효율이 더 높다. 그러나, 여러 변환 장비들로 인해 교류송전에 비해 신뢰성이 떨어지며, 가용성이 교류시스템보다 낮다.

(2) 교류(alternating current, AC)

시간에 따라 주기적으로 크기와 방향이 변하는 전류이다. 교류전류를 사용하는 전압을 교류전압이라고 한다. 방향이 일정한 직류와는 다르게 교류는 전하의 방향, 크리가 계속 바뀌기 때문에 +/− 단자를 구별하지 않는다. 전기시스템의 주파수는 국가에 의해 때로는 국가 내에서 변화하는데 대부분의 전력이 50 Hz 또는 60 Hz에서 생성된다.

(3) 전기저항(electrical resistance)

도체에서 전류의 흐름을 방해하는 정도를 나타내는 물리량으로 국제단위계 단위는 옴(ohm, Ω)으로 나타낸다. 전기회로 이론에서는 간단히 줄여서 저항이라고 한다. 반대로 전기를 얼마나 잘 흐르게 하는 지를 나타내는 물리량은 전기전도도(electrical conductance)라고 하고 σ로 나타낸다. 전기전도도는 전기저항의 역수이다. 전기회로에서 저항은 전류의 흐름을 방해하여 전압 강하를 일으킨다.

2.2.2 도금의 전기회로

(1) 전기회로(electric circuit)

도금을 할 경우 전원에서 나온 전류는 도금조(plating tank)를 통하여 다시 전원으로 돌아온다. 이와같이 전기가 흐를 수 있도록 구성된 닫힌회로 즉, 전류가 한 바퀴 도는 길을 전기회로(electric circuit)라고 한다.

기본적인 전기회로는 직류회로와 교류회로로 구분할 수 있다. 직류회로는 직류전원이 연결된 전기회로를 말하며, 직류전원은 건전지나 직류전원장치 등에 의해 전원이 공급될 때 전류의 방향이 바뀌지 않는다. 교류회로는 회로 내의 전력 공급원으로부터 발생하는 전류의 양과 방향이 주기적으로 바뀌는 회로를 말한다. 교류의 종류로는 사인파, 삼각파, 사각파 등이 있으며 그 중에서도 사인파가 가장 전형적인 교류라 할 수 있다. 이때, 삼각파나 사각파를 비롯해 주기성을 띠는 임의의 전류는 사인파의 합성을 이용해 생성가능하다.

(2) 부스바(busbar)

전원에서 나온 선로와 도금조의 +, − 극봉을 부스바라고 한다. 즉, 정류기에서 도금조까지의 전류이송을 위한 통전 선로를 말한다.

부스바는 전기저항을 감소하기 위해 주로 구리를 사용하며, 경우에 따라 알루미늄을 사용하기도 하나 많은 전력손실을 만들게 된다. 기타 금속은 전기저항이 크기 때문에 부스바로는 사용하지 않는다. 부스바는 최대전류량을 계산하여 충분한 크기를 사용하는 것이 좋으며, 부스바에 열이 발생하면 전기저항이 증가하여 전력손실이 발생한다. 구리 부스바 표면이 산회되어 구리염을 형성하면 구리 산화물은 시간이 지남에 따라 박리되어 도금조를 오염시키는 문제를 야기하므로 보호층으로 표면을 주석 또는 니켈도금을 한다.

(3) 정류기(Rectifire)

도금에서의 전기는 필수조건으로 양질의 직류를 원한다. 우리가 일반적으로 사용하는 교류(AC) 전기는 도금에 직접사용할 수 없다. 이 교류를 직류로 만들어 사용하며, 여기에 많은 기술적인 요소가 사용된다. 초기의 도금은 대용량 전자소자가 개발되지 않아 전동기를 발전기로 이용하여 직류(DC)를 만드는 방법을 도금에 사용하였으나, 1950년대 이후 대용량 실리콘 정류소자의 개발과 더불어 교류를 직접 직류로 변환하는 방법을 지금까지 사용하고 있다.

전기분해, 전기도금 등의 화학공업용 전원, 전기철도용 전원 등에 사용하는 대량의 직류전원은 일반적으로 정류기에 의해서 공급하고 있다. 정류기는 규소(Si)·셀레늄(Se) 등의 반도체 소자가 사용된다.

(4) 걸이(rack)

도금하는 물품을 받치거나 전류를 통하는데 사용되는 걸이(현장에서는 '래크'라고 하는 경우가 많음)는 전류를 잘 흐르도록 충분한 굵기로 접촉면을 크게 해주어야 한다. 또 금속재료에 따라서 저항이 각각 다르므로, 같은 전류에도 굵기를 다르게 해야 한다. 도금조를 오염시키지 않는 재질로 코팅되어 있는 것을 사용해야 한다. 걸이구조는 과열없이 필요한 전류를 절단면에 전달해야 하는 구조이어야 하며, 구리나 구리합금이 가장 적당한 재질이다.

3장

산화피막 제거

3.1 금속의 산화피막과 표면

표면처리를 수행하기 위해서는 피막형성에 악영향을 끼칠 수 있는 녹 또는 스케일 등과 같은 것이 표면에 있는지 표면 상태를 확인하여야 한다.

3.1.1 녹(Rust)과 스케일(Scale)

금속의 표면에 생기는 부식 생성물로 공기 중에 포함된 산소, 수분, 이산화탄소 등과 반응하여 형성된다. 저온 분위기에서 습기나 물이 철과 반응하여 적갈색의 산화물이 될 때 녹이라 하고, 고온에서 철이 산소와 반응해 생기는 산화물은 스케일(산화철, 회색~검은색 산화철층)이라고 한다.

3.1.2 부동태피막(Passivity Film)

금속 모재의 표면엔 산소와 반응해 금속산화물이 생성된다. 이러한 산화물이 산소가 투과할 수 없도록 치밀하게 생성되어 산화막이 된다면 표면 산화막 내부는 산화를 피할 수 있다. 표면에 생성되어 내부를 부식으로부터 보호하는 피막을 부동태피막이라 한다.

- 부동태 : 금속이나 합금이 특수한 환경에서 화학적 반응성을 상실하는 현상.

예를 들면, 크롬(Cr)의 경우 크롬산화물(Cr_2O_3)의 부동태 피막을 표면에 형성하여 부식을 방지한다.

부동태피막을 형성하는 금속으로는 크롬, 아연, 알루미늄, 크로뮴, 니켈, 타이타늄, 스테인리스강 등 여러 가지 원소가 있다.

이런 부동태피막은 내식성 향상이라는 좋은 장점을 가지고 있지만 생성시 치수변화가 거의 없도록 매우 얇은 층의 산화막이 생성되어야 한다. 긁힘이나 충격에 의해 제거되어도 다시 생성되어 자가 회복기능이나, 표면 결합으로 작용할 수 있는 노치부분에 생성될 경우 노치를 제거하는 작용을 하여 금속 자체에 좋은 영향을 미친다.(너무 많이 생성될 경우 스케일에 의한 부작용으로 발생할 수 있다)

3.1.3 베일리층, 가공변질층(Beilby layer, Deformed layer)

금속을 기계가공하면 표면부는 내부 모재와는 특성이 다른 표층을 갖게되는데, 비정질 층으로 기계가공에 의한 결정구조 파괴 및 변형으로 생성되는 매우 작은 깊이를 가공변질층이라 한다. 가공변질층에 도금된 제품이 많으며, 도금 품질이 저하된다. 가공변질층의 내용과 정도는 가공방법과 가공조건 등에 따라 다르나 변질층이 나타나는 것은 모든 가공의 공통현상이다. 가공변질층은 소성변형, 가공경화, 가공연화, 잔류응력을 발생시키고 내마모성, 내식성, 내충격성, 피로강도 및 치수정밀도를 저하시킨다. 기계가공에 의해 발생하는 최상위층의 표면부는 비결정으로 이루어진 베일비층(Beilby layer)이다. 베일비층 아래에는 모재로 이어지는 얇은 소성변형층이 존재한다. 베일비층의 두께는 100 Å 정도이며 도금을 해야할 경우 밀착성을 좋게 하기 위해서 이 층을 제거해야 한다.

가공변질층은 절삭저항에 크게 영향을 받는다. 절삭가공이 거칠수록, 절삭각이 클수록, 절삭피드가 클수록 가공변질층 깊이는 커진다. 절삭속도와 절삭깊이와도 연관성이 있다.

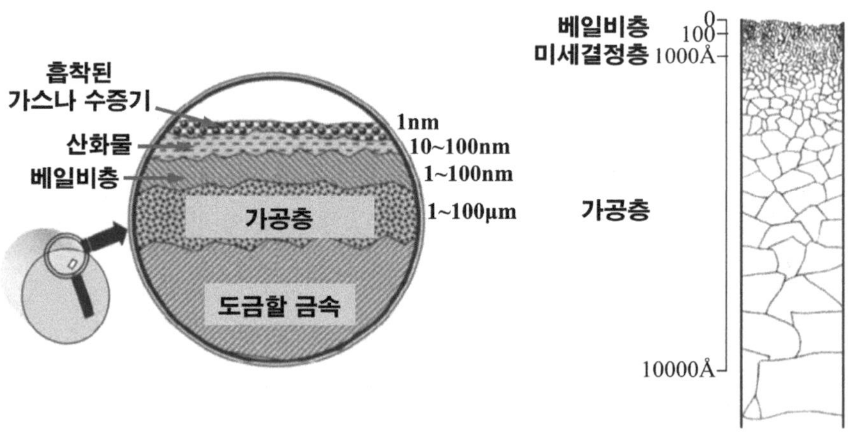

〈그림 3-1〉 가공 변질층의 구조

3.1.4 스머트(Smut)

산세 또는 알칼리탈지 후 금속 소재 또는 수지 등의 표면에 남아있는 산화성/불용성의 흑색물질을 말한다. 철 표면에 생기는 이 검은 피막은 손끝으로 문지르면 손에 묻어나는 밀착성이 없는 피막이다. 스머트는 철이 산에 용해될 때 용해되지 않고 남는 탄소규소, 사삼산화철과 같이 탄소 또는 금속산화물로 구성되어 있으며, 저탄소강보다 고탄소강이 많은 스머트를 남기는데 소재에 따라 다르게 구성된다. 스머트는 브러싱을 하든가 알칼리액 중에서 전해 또는 PR전해를 하지 않으면 제거하기가 힘들다. 전해하면 발생하는 산소 또는 수소가스에 의하여 제거된다.

도금에서 제거되지 않으면 밀착불량, 구름낀도금, 거친도금 등의 원인이 되므로 브러쉬작업, 바렐작업, PR전해 등을 이용하여 제거할 수 있다.

(1) PR전해(Periodic Reverse Current)

일반적으로 전해탈지, 시안화구리도금 등에 사용되나, 지금은 그다지 사용하지 않는다. 보통은 음극 전해시간에 대하여 10~50%의 양극 전해시간을 준다. 도금에서 (-)에 의한 도금과 (+)에 의한 박리가 이루어져 저전류 피복성의 개선과 광택의 증가효과가 있으나 효율이 나빠 시간이 걸리는 단점이 있다. 전해탈지에서는 탈지과정에서 (+)로 전해되면 도금물의 표면에 산화막이 발생하여 후 도금에서 밀착불량이 발생할 수 있으며 탈지액의 수명도 많이 단축된다.

- 스머트의 주요특징
  - 밀착성이 약함 : 스머트는 철 표면에 약하게 부착되어 있으며 손으로 문지르면 쉽게 제거되나, 이러한 특성은 스머트가 도장이나 코팅과정에서 문제를 유발할 수 있다는 것을 의미한다.
  - 표면 품질저하 : 스머트가 남아있는 표면은 후속공정에서 품질저하를 초래할 수 있다. 특히, 도장, 도금, 용접 등의 작업에서 부착력을 방해하거나 결함을 유발할 가능성이 크다.(부식이나 외관문제 야기)

- 스머트 제거방법
  - 알칼리 음/양극 처리
  - 황산 중에 양극처리
  - 걸레로 닦는다

3.2 산처리(Acid Pickling)

소재를 열처리나 장기간의 방치로 인하여 금속표면에 발생한 산화피막이나 수산화물 등의 오염물질을 산(Acid)으로 제거하는 화학적인 방법을 일컫는다.

도금 전처리로서 산처리는 산세척(활성화)와 산침적의 두가지가 있다. 이들은 정도의 차이는 있을 뿐, 소재 금속면에 생긴 산화층을 제거하고 새로운 금속면을 노출시켜 도금의 외관과 밀착성을 향상시키는 처리방법이다.

3.2.1 산세(Acid washing, Acid cleaning)

금속의 표면에 산화물, 스케일(scale), 불순물을 제거하기 위해 사용하는 화학적 세척방법이다. 전처리 탈지 후 남아있는 알칼리를 제거하기 위한 산세척이나 금속표면의 활성화 목적 등에 이용되는 약산성 처리를 일컫는다. 대부분이 수세 공정중에 포함되는 경우가 많다.

산에 처리물을 담가 화학적으로 표면에 존재하는 산화물이나 기타 화합물을 제거하는데, 고온가공이나 열처리 등을 통해 두껍게 형성된 산화막은 긴 시간 침적하여 제거한다. 철강류의 산세액으로는 주로 황산(H_2SO_4)이 사용된다.

3.2.2 산 담금 또는 산침지(Acid dipping)

대기 중 금속 표면에 생성된 피막을 단시간 산에 담가 제거하는 방법으로 도금 직전에 행하는 산침지는 소재표면에 남은 알칼리를 중화하며 전처리 중에 생긴 얇은 산화층을 제거하여 표면을 활성상태로 만든다. 중화처리에 의해 소재표면의 pH가 불균일하게 되지 않도록 적절한 농도범위를 항상 유지할 필요가 있다.

스머트 현상의 발생으로 외관을 손상시킬 수 있으며, 용해할 때 발생한 수소 가스가 소지의 원자 사잉 빈공간에 들어가 수소취성을 야기할 수 있다.

3.2.3 에칭(Etching)

상온에서 가공할 때 생성된 금속 표면의 가공변질층을 제거하는 방법으로, 균일성을 유지하는 것이 포인트이며 알루미늄은 에칭시간보다 면의 새틴화에 목적이 있을 경우 칼라 매치에 주의하여야 한다.

3.3 철강의 산세

3.3.1 철강의 녹, 스케일

녹은 금속이 산화된 모습으로 기존 배관의 철 성분이 산소와 결합한 결과물인 것이다. 녹은 철(Fe)분자에서 빠져나온 전자가 물분자와 산소와의 결합을 촉진시켜 수산화이온(OH^-)을 발생하게 하는데, 수산화이온이 철이온(Fe^{2+})과 결합하여 산화철인 Fe_2O_3를 형성한다. 이 Fe_2O_3가 녹인 것이다.

$$2Fe \text{ ------------------------> } 2Fe^{2+} + 4e^-$$

$$2H_2O + O_2 + 4e^- \text{ -------> } 4OH^-$$

$$2Fe + 2H_2O + O_2 \text{ -------> } 2Fe(OH)_2$$

$$2Fe(OH)_2 + O_2 \text{ ----------> } Fe_2O_3 \cdot 2H_2O$$

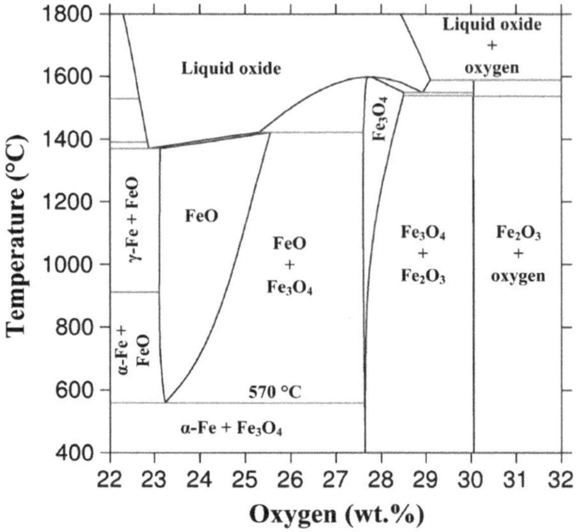

〈그림 3-2〉 Fe-O 평형상태도

도금 소재로 가장 많이 사용되고 있는 철강은 철-산소의 평형상태도에서 알 수 있듯이 570℃를 기준으로 그 이상과 그 이하의 온도에서 생성되는 산화막의 조성이 다르다. 570℃ 이상의 고온에서 산화될 때는 검은색의 두꺼운 산화제일철 스케일(Scale : FeO)이 형성되며, 그 위에 자철광의 사삼산화철(Fe_3O_4) → 적철광의 산화제이철(Fe_2O_3) 순으로 형성된다.

저온에서는 붉은색의 녹(Rust : Fe_2O_3)이 생긴다. 상온에서 생긴 녹은 고온에서 생성되는 사삼산화철(Fe_3O_4)과 달리 초기에는 수산화물인 $Fe(OH)_3$가 대부분이나 시간이 흐름에 따라 붉은색의 산화물(Fe_2O_3)로 변화한다. 570℃ 이상에서 두꺼운 스케일이 형성되는 원인은 산화제일철이 결함이 많아 치밀하지 못한 격자구조를 가지고 있기 때문으로, 소재와의 밀착성이 저하되고, 다공성이며 균열이 많이 존재하게 되어 570℃이하에서 생성된 스케일과 제거법이 달라지는 것이다.

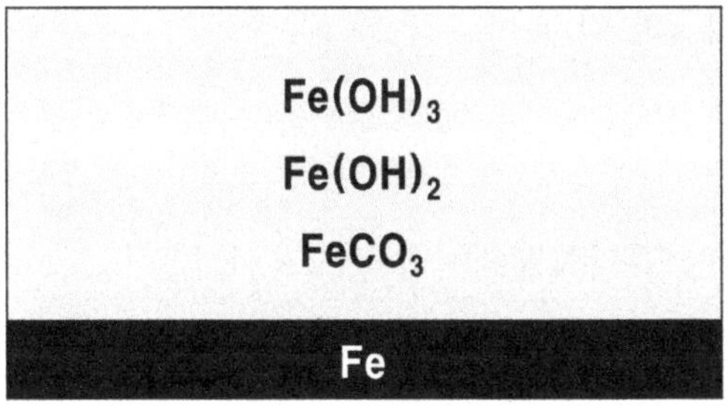

〈그림 3-3〉 붉은 녹의 구성

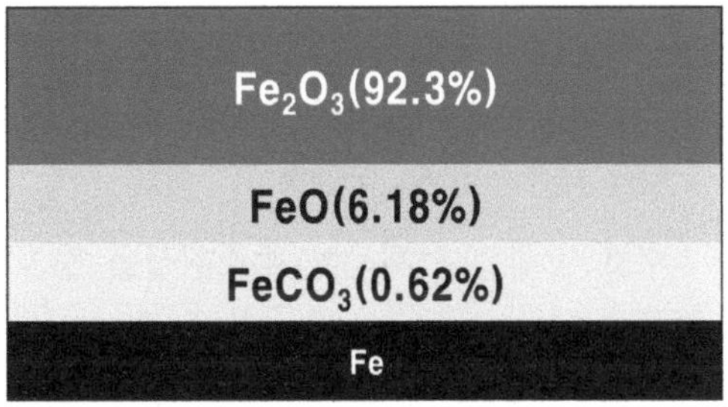

〈그림 3-4〉 검은 녹의 구성

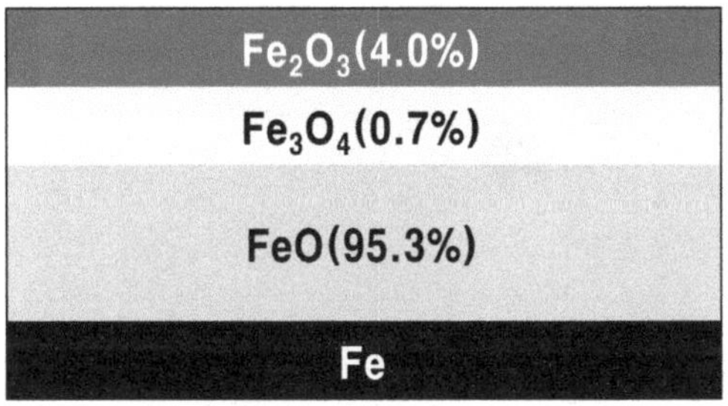

〈그림 3-5〉 570℃이상 스케일

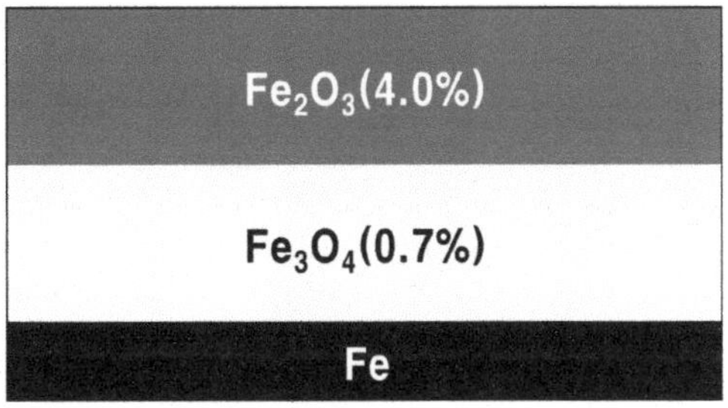

〈그림 3-6〉 570℃이하 스케일

3.3.2 철강의 산세 기구

철강의 산세에 주로 사용되는 염산은 용해도가 높아 산처리 속도가 매우 빠르고, 철산화물 외의 불순물에 대해서도 양호한 용해력을 가지고 있어 현재 90%가 염산 산세법을 적용하고 있다. 염산산세는 염산과 스케일 표면층 사이의 반응속도가 빨라 표면층으로부터 FeO 층까지 쉽게 용해된다.

높은 농도에서 염산의 산화물 제거 능력이 우수하여, 온도보다는 농도를 높이는 것이 산화물 제거에 더 효과적이지만 산세 과다현상이 나타나기도 하며 비산하는 단점을 가지고 있어 20~30℃의 상온에서 10% 정도로 사용한다.

산세 과다에 의한 부식과 수소취성을 방지하기 위해 부식억제제(Inhibitor)로서 무기화합물 As_2O_3, Sb_2O_3를 첨가한다. 유기화합물은 아닐린, 헥사메틸렌테트라민, 부틸멜캅탄, 부틸술파미드, 티오뇨소류, 디에틸티오우레아, 디부틸우레아, 아교, 전분, 젤라틴, 피리딘, 키놀린 등이 있다.

산세에 첨가된 부식억제제의 효능으로는 다음과 같다.

- 금속 용해를 억제한다.
- 산(Acid) 소비를 절약할 수 있다.
- 수소 발생을 억제하여 수소취성을 방지한다.(유기화합물)
- 스머트가 감소한다.

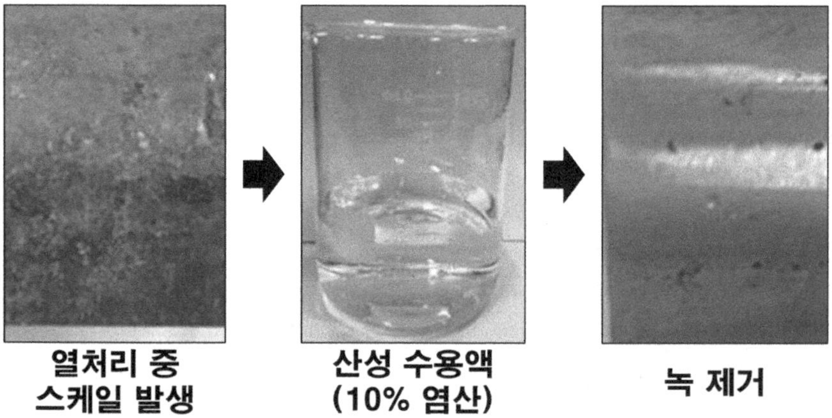

〈그림 3-7〉 철강의 산세

3.3.3 전해 산세

전해 산세는 황산(H_2SO_4), 황산나트륨(Na_2SO_4)의 중성염 전해질 용액 중에 피처리물을 침지하고, 정류를 이용하여 전위를 인가해서 스케일을 제거하는 방법이다. 패러데이 법칙(Faraday's law)의 전류량에 비례하여 짧은 시간으로도 스케일을 제거할 수 있다.

(1) 음극 산세

음극에서 발생하는 수소 가스량은 양극보다 이론상 2배 많다. 외부전원을 이용하여 가스를 발생시키므로 전류를 조절하면 제거속도를 제어할 수 있으며, 산의 소모가 적어 용액의 관리가 용이하다. 하지만 불순물의 전착위험과 수소취성*이라는 문제점을 가지고 있다.

* 수소취성(HE, Hydrogen Embrittlement)

도금 공정에 의해 생긴 수소가 도금액중에 방출되지 않고 금속제품에 침투함으로써 도금이 부러지거나 깨지고 갈라지는 현상을 유발하는 것을 말한다. 이것은 강의 경우 항복강도가 낮은 강철일 때 흡수된 수소가 강의 개재물속에 모여서 이들 수소분자의 압력으로 크랙(crack)의 원인이 되는데 특히 $MnS \cdot Al_2O_3 \cdot SiO_2$ 등의 개재물이 균열의 기점이 된다.

수소취성은 재료의 강도가 클수록 극미량의 수소에 의해서도 취성이 생기며, 공식부위를 기점으로 하여 발생하기 쉽다.

니켈도금, 염화아연도금 등은 수소취성율이 매우 낮으나, 시안화아연도금 및 시안화구리도금은 수소취성율이 높다. 이는 물을 전기분해로 사용하는 도금액에 있어서 음극전류효율이 낮은 알칼리욕에서 높은 취성율을 나타낸다.

(2) 양극 산세

양극 산세는 제품을 양극에서 처리함에 따라 수소가 발생되지 않아 수소취성이 생기지 않는다. 양극 산세 처리방법은 부동태 전위보다 낮게 처리하는 방법과 부동태 전위보다 높은 전위에서 처리하는 방법 2가지가 있다. 부동태보다 낮은 전위의 저 전류 처리법은 바탕 철이 용해하며 스케일과 같이 떨어져 나오게 하는 것으로 스케일과 바탕 금속 사이의 밀착력을 잃게 하여 박리시킨다.

일반적으로 양극 산세는 10% 황산 용액에 3~10 A/dm^2의 전류밀도로 처리한다.

(3) 음·양극 혼합 방법

음양극 혼합 방법은 음극과 양극의 장단점을 이용하여 장점은 살리고 단점은 사라지게 하는 방법이다. 즉, 음극에서는 수소를 발생하여 스케일을 제거하고 혹시 부착될 수도 있는 불순물을 양극처리에서 용해하여 제거하는 것으로, 음극 단독처리 보다 수소취성의 발생이 현저히 억제되어 효과가 매우 크다.

3.3.4 알칼리에 의한 녹제거 방법

화성처리 도장이나 도금을 하기 전에 금속표면의 녹과 스케일을 제거하는 세정방법이다. 알칼리 전해액을 이용하여 녹을 제거하는 방법으로 탈지와 스머트 제거도 동시에 수행하는 방법으로 산세에 앞서 고급강이나 비철금속의 녹제저에 사용하고 있다.

전해 산세와 비교하여 다음과 같은 장점을 가지고 있다.

- 탈청과 동시에 탈지를 할 수 있다.
- 스머트가 제거된다.
- 산의 비산이 없어 작업장 내의 환경이 개선된다.
- 마무리 면은 광택면을 얻기 쉬워진다.

[표 3.1] 알칼리 탈청성분

용액	ml/L	온도(℃)	전류
수산화나트륨($NaOH$)	30~200	60~70	10~15 ASD
이디티에이2가나트륨(EDTA-2Na) 혹은 글루콘산 나트륨($NaC_6H_{11}O_7$)	30~50		

3.3.5 용융염에 의한 녹 제거법

두꺼운 녹이나 내산성이나 내알칼리성이 좋은 스테인리스강, 티탄합금 및 초합금 등을 산세하기 전에 예비과정이다.

수산화나트륨($NaOH$)은 전기 전도율을 높이기 위하여 첨가하는 것으로, 가스발생량이 많아져 스케일 제거 속도가 단축된다.

(1) 전해법

용융 알칼리염 속에 철강을 넣고 음극 전해를 한다. 이때 양극은 용융염 탱크를 사용한다. 음극 제품에는 금속 나트륨이 석출된다. 나트륨이 석출한 제품을 수중에 투입하면 금속나트륨과 물이 급격히 반응하게 된다. 나트륨은 이온이 되고, 물은 분해하여 수소가스와 OH^- 이온으로 만들어지게 된다. 이때 발생된 수소가스는 발생과 동시에 알칼리가 생김으로써 강알칼리가 되어 유지의 비누화를 가속시킨다.

즉, $2Na + 2H_2O \rightarrow 2Na^+ + 2OH^- + H_2\uparrow$ 의 반응으로 산세와 같이 가스를 발생시키며 스케일이 제거된다.

(2) 환원법(수소화나트륨처리법)

환원법은 금속산화물을 금속으로 환원하거나 혹은 저 산화물 형태로 환원하는 것으로 수산화나트륨을 350~420℃로 가열하여 용융염 상태로 만들고 이 속에 환원제인 수소화나트륨을 1.5~2.0% 함유하게 한 후 금속을 담가 스케일을 제거하는 방법이다.

$$4NaH + Fe_3O_4 \rightarrow 4NaOH + 3Fe$$

물에 담긴 제품은 대량의 수증기를 발생시키며 분말 금속으로 환원된 스케일은 제거가 된다.

3.3.6 기계적 탈청

각종 연마과정을 이용하여 녹을 제거하는 방법이다.

3.4 각종 소재의 산세처리

3.4.1 특수강

특수강이란 탄소강에 한 가지 이상의 금속원소를 첨가하여 기계적 성질을 향상시킨 것으로 Fe(철)에 들어있는 C(탄소) 함유량에 따라 순철(~0.02%), 탄소강(0.02%~2%), 주철(2%~6.6%)로 분류할 수 있다.

선재 압연시 발생된 금속소재 표면의 고온산화 스케일과 보관중 발생된 녹이나 흡착된 이물질 등을 산을 이용해 제거하는 공정을 산세공정이라 한다.

특수강의 대표적인 제품 5가지는 다음과 같다.

- CHQ Wire(Cold Heading Quality Wire) : 냉간/압조용/강선, 특수강 선재를 신선 또는 열처리해서 만든 강선을 말한다. 냉간압조가 용이하도록 만든 강선이다.
- CD Bar(Cold Drawn Bar) : 냉간인발봉강, 선재를 신선가공하고 직진도를 부여한 후 일정 길이로 절단하여 생산하는 Bar 형태의 제품을 말한다.
- Bar to Bar: Wire Rod 를 이용하여 CD Bar를 생산하는 Coil to Bar 방식과 달리 Bar 를 인발 다이스를 통과시켜 향상된 표면 거칠기를 가진다.
- QT Bar(Quenched & Tempered Bar) : 담금질(Quenching), 뜨임(Tempering) 모두 재료를 가열했다가 식히는 공정이지만 담금질의 경우 변태점 이상의 온도, 뜨임은 변태점 이하의 온도까지 올린다는 차이가 있다. 강도와 인성을 동시에 확보할 수 있다.
- Peeled Bar : 압연봉강 표면을 선삭가공(Peeling) 하여 표면에 잔존하는 미세한 결함을 제거하고 정밀한 치수, 향상된 진원도(이상적인 원과 가까운 정도)를 갖는 고품질의 봉강이다.

(1) 주물재

황산 125 ml/L, 불산 125 ml/L(고탄소강, 침탄강도 같이 적용될 수 있다.)

(2) 용접된 철강

황산 60~120 g/L로 실온에서 음극처리한다. 용접부에 탄화된 디스머트*가 남을 수 있으므로 솔질을 하면 쉽게 탈락된다.

* 디스머트(Desmut : 산침적)

산처리 때 생긴 철 표면의 검은 피막인 스머트는 문지르면 묻어나는 밀착성이 없는 피막이다. 철이 산에 용해될 때 용해되지 않고 남는 탄소, 규소, 사삼산화철 등으로, 저탄소강보다는 고탄소강이 더 많은 스머트를 남기게 된다. 스머트는 알칼리액 중에서 전해 또는 PR 전해를 하지 않으면 제거하기가 힘들다. 전해하면 발생하는 산소(또는 수소) 가스에 의하여 제거된다.

(3) 스테인리스강

생산공정 중 열처리 과정에서 표면에 생성된 금속산화물 스케일을 제거하고자 산세한다. 일반적으로 탄소강은 염산이나 황산을 사용하지만 스테인리스강은 스케일의 결합력이 강해 질산 및 불산의 혼합산을 사용한다.

$Cr-Ni$계 오스테나이트 스테인리스강의 경우 (40~45)%HCl + (5~15)%HNO_3 또는 (1~5)%HF + (5~15)%HNO_3 조건을 사용한다.

[표 3.2] 스테인리스강의 산세처리 조건

용액	온도(℃)	기타
염산 150 ml/l	50~60	30~90min 침적
황산 100 ml/l	65~70	10~40min 침적
과망가니즈산 칼륨 75 ml/l 탄산나트륨 75 ml/l	75~100	철 탱크 사용
질산 100 ml/l, 불산 25 ml/l, 염산 10 ml/l	55~60	PP 탱크 사용
황산 60 ml/l, 염산 60 ml/l, 크로뮴산 60 ml/l	상온	PP 탱크 사용
염산 25 ml/l, 질산 50 ml/l	50~70	PVC 라이닝 탱크 사용
질산 100 ml/l, 염산 60 ml/l	20~40	
질산 150 ml/l, 염산 10 ml/l	50~70	
설파민산 45g/L, Ferric sulfate 1g/L	70	

3.4.2 구리 및 구리합금

구리 및 구리 합금의 산화물은 두 가지가 있다. 흑색의 CuO(일산화동)은 보통 10~30%의 황산을 사용하여 제거가 가능하지만, 붉은색의 Cu_2O(아산화동)는 산화물이 혼합된 조직으로 황산으로 제거가 어렵다. 황동일 때는 5~10%의 황산으로 사용한다.

(1) 녹 제거

황동은 부식하기 쉬운 아연성분이 많기 때문에 편석이 있으면 산처리에 의한 탈아연 현상을 일으키기 쉽다. 베릴륨동은 성형가공 시의 유지가 열처리에 의해서 부착되면 표면에 얼룩이 져 불량 발생의 원인이 된다. 청동은 과산화물이 든 에칭액에 의해 Sn이 SnO_2가 되고 표면에 석출하여 입상석출의 원인이 되는 경우도 있으며, 염산, 황산 등으로 세정한다. 쾌삭황동*은 산처리 공정에서 표층의 납이 석출 또는 잔류하여 문제가 발생되며, 불산을 첨가해서 납의 제거를 촉진시킨다.

* 쾌삭황동(Free-Cutting Brass) : 황동에 납(Pb)을 첨가한 것으로 쾌삭성과 절삭성을 향상시키지만 강도와 연신율은 상대적으로 황동보다 낮다.

[표 3.3] 구리 및 구리합금의 산세 처리조건

용액	산세 처리액*(%)	온도(℃)	시간(분)
순구리	황산 10~20	상온	
황동	황산 5~15	상온	
베릴륨동	황산 60~70	50	
인청동	황산 10~40	40~60	3~10
쾌삭황동	아세트산 95% + 과산화수소 5% 침적 후 불산 20% 용액에서 납을 제거	-	

* 산세 처리액은 부피비 사용

(2) 화학연마(키린스 조성)

- 황산 800 cc, 질산 100 cc, 염산 25 cc, 물 490 cc(40℃에서 1분 침적)
- 황산 60~75%(부피), 잘산 20~35%(부피), 물 5~10%, 식염 4 g/L
- 황산 500 cc, 질산 500 cc(부피비)
  - 반응성이 매우 강하므로 짧은 시간에 처리한다. 수명이 오래가지 않으므로 가능한 작은 탱크에 제조하여 자주 교체를 한다.

(3) 새틴(Satin)처리

- 밝은 광택 새틴 : 황산 1 L, 질산 1 L, 황산아연 120 g
- 엷은 새틴 : 염산 1 L, 염화제일철(40%) 1 L

3.4.3 알루미늄 및 알루미늄 합금

알루미늄은 온도 70~80℃에서 약 10% 황산용액으로 산세한다.

알루미늄 구리합금은 50% 질산용액이나 1~3% 플루오르산+10~30% 질산용액으로 10~20초간 산세하며, 알루미늄 마그네슘 합금은 온도 80~90℃에서 15% 황산에 약 2~3분정도 침지 후 50% 질산용액 수 초간 침지한다.

- 광택연마 : 인산 900 cc, 질산 100 cc, 105℃, 30초~2분

3.4.4 니켈 및 니켈합금

열처리의 경우는 니켈과 스케일이 강력하게 고착되어 있어 제거가 매우 어렵다. 이 경우 과망가니즈산칼륨 90 g/L, 수산화나트륨 90 g/L을 60~70℃에서 처리하여 스케일을 느슨하게 한 후 황산 침적하여 연마하거나, 염산 : 물 = 1 : 2 비율의 용액을 90℃까지 올린 액에 장시간 침적하면 소재를 상하지 않고 제거 가능하다.

인바, 코바, 인코넬, 모넬 등의 니켈합금은 스테인리스강 전처리와 비슷하게 처리한다. 열처리나 특별히 문제가 있는 경우는 다음과 같이 상온에서 양극처리한다.

- 불산(70%) 360~430 g/L
- 질산(40%) 50~ 75 g/L

3.4.5 은, 금의 산세

열처리하지 않은 이상 강한 산화물이 형성하기 힘든 소재이므로 황산 수용액에서 온도와 농도 변화로 알맞은 처리를 한다.

- 금 소재 : 황산 12~15%, 50~70℃, 15~30초
- 은 소재 : 황산 10~30%, 상온, 15~20초

3.5 도금공정 소재

도금 공정에서 산처리 혹은 산세 공정은 탈지 이후에 이루어진다. 이 공정은 탈지 공정에서 발생된 스머트나 표면에 붙은 이물질 제거 및 금속소재를 약하게 식각(에칭)하기 위한 것으로, 일반적으로 도금 직전에 실시한다.

3.5.1 철, 강의 전처리

(1) 저탄소강

- 황산 4~10%(용량), 상온, 5~15초
- 염산 5~15%(용량), 상온, 10~30초

- 양극 전해법
  - 황산 4~6%(용량), 50~60℃, 4ASD
  - 황산 25~50%(용량), 25℃이하, 20ASD

(2) 고탄소강

- 질산 5%, 5~15초 수세 후 시안화나트륨 수용액 양극에서 스머트 제거
- 염산 5~15%(용량) 상온
- 양극 전해법
  - 황산 250~1000 g/L, 유화소다 125 g/L, 30℃이하 10~40ASD, 1분 이내
  - 침적법 : NaCN 23 g/L
  - 전해법 : NaCN 45 g/L 양극 1.5~2ASD 1분
  - 알칼리 세정액 40℃이상, 양극, 3~5ASD

(3) 스테인리스강 전처리

스테인리스강은 얇고 접착력이 좋은 산화피막이 존재하기 때문에 피막을 제거한 후 바로 도금을 해야 한다.

- 산침지 : 10~20% 황산, 70~90℃, 가스가 균일하게 발생할 때까지
- 전해 세정
  - 황산 5~50%, 실온 1~5분, 2~5 A/dm^2, 음극 0.5ASD
  - 염산 5~50% 실온 1~5분, 음극 0.5ASD
- 도금법
  - 염화니켈 240 g/L, 염산 80~120 g/L, 실온, 2~4분, 5~20 A/dm^2, 양극-니켈판

3.5.2 구리 및 구리합금 전처리

구리 또는 황동의 도금 공정 산세는 황산 10~20% 정도에 침적하며, 염산의 사용은 가능한 억제하는 것이 좋다. 구리표면의 염화동 형성으로 좋지 않은 결과를 초래할 수 있다.

PCB상의 구리 : 유기물 처리나 기타 여러 공정을 거치 면서 가스 흡착, 접착제 용제, PSR잉크, DF(드라이필름) 등에 노출되어 오염이 발생하는 경우가 있다. PCB의 도금직전 활성화는 에칭액에 의해 표면 조도와 에칭율을 관리한다.

- 과수 5~10%, 황산 9~15%, 30초~2분 이내, 상온~30℃
- SPS 10~20%, 황산 10~20%, 30초~2분 이내, 상온~30℃

3.5.3 알루미늄 및 알루미늄 합금 전처리

알루미늄은 산과 알칼리에 모두 반응하는 양성 금속으로 비교적 스케일 제거가 용이하다. 도금 공정 투입 전 기계 가공, 화학연마, 버프연마 등으로 산화막을 제거하며, 새틴처리를 많이 실시한다.

(1) 산침적(Desmut)

- 주조용 합금 : 질산 50% 상온
- 일반 합금 : 황산 15% 80℃, 2~5분
- 고규소 합금(다이캐스팅) : 질산과 불산의 비율 3:1, 3~5초

(2) 에칭

- 알칼리성 : $NaOH$ 45g/L, $C_6H_{11}NaO_7$ 20g/L. 50~60℃, 10~30초
- 산성 : NH_4HF_2 50~100g/L, $NaNO_3$ 30g/L, 50~60℃, 10~30초
  - 에칭 속도보다 칼라 매취에 주의하여야 한다.
  - 디스머트 공정이 모두 필요하다.

3.5.4 니켈 및 니켈합금 전처리

보통의 니켈은 염산처리 후 염화니켈 스트라이크 도금을 한다. 염화니켈과 염산만으로 조성된 도금액은 밀착성이 좋으며, 무광택 회색 도금이 되는데 이 위에 일반적인 니켈도금을 한다.

니켈스트라이크 도금욕(Nickel Strike Plating Bath)는 우드니켈(Wood Nickel Bath)이라고도 하며 스테인리스 등과 같이 표면 활성도가 낮은 소재의 금속을 후 도금과의 밀착력을 좋게 하기 위한 하지도금 방법이다.

- 도금욕 조성 : 240 g/L 염화니켈($NiCl_2 \cdot 6H_2O$), 125 g/L 염산(HCl)

  온도 : 상온, 전류밀도 : 5~10 A/dm^2, 전압 : 6 V, 시간 : 20~120 sec
  양극 : 니켈판·탄소판

3.5.5 아연 및 아연합금 전처리

캐스팅의 특성 상 표면이 깨끗하지 않으며, 이형유가 열에 탄 흔적이나 주조결함도 나타난다. 0.2~2% 황산, 염산, 불화수소산 등의 묽은 산을 이용하며, 균일하게 가스가 발생할 때까지 산침지시킨다. 산 농도가 높아지면 치수 변화가 심해지므로 주의해야 한다.

3.5.6 납 및 납 합금 전처리

4~10%의 붕불산, 불산 3~7%에서 10~20초 처리한다. 불화물에 의해 폐수처리에 문제가 된다.

- 붕불화연 200~400 g/L, 붕불산 20~40 g/L, 붕산 20~60 g/L, 젤라틴 1 g/L, 25~40℃

3.5.7 마그네슘 및 마그네슘 합금 전처리

산 용액에서 반응성이 매우 풍부하여 산처리 후 스머트 제거에 더 신경을 써야 한다. 마그네슘이나 알루미늄 함량이 낮은 마그네슘 합금은 크로뮴산과 질산염으로 구성된 산세액을 사용하며, 알루미늄 함량이 높은 마그네슘 주조합금은 크로뮴산, 질산염, 불산을 혼합한 용액을 사용한다.

혼합액은 화학적 연마효과와 스머트 방지 효과가 있어 다른 합금에도 적용가능하다.

- 질산 10% + 황산 3% 실온에서 단시간에 처리
- 인산 18% + 산성불화암모늄 12%, 30~40℃, 30초

4장
소재연마

4.1 연마

연마가공이란 금속 제품의 표면을 미세하게 깎아서 표면을 매끄럽게 하는 작업을 말한다. 연마가공은 정확한 사이즈를 필요로 하는 제품에 행해지며, 제품의 표면을 마이크론 단위로 조정 가능하다. 외관이 중요시 되는 제품에 많이 사용되는 가공방법이다.

4.1.1 연마의 적용

- 연삭작용 : 미세한 깊이로 갈아내어 연마에 가깝다.
- 소성변형 : 금속가공에서 인발 및 압연과 동일한 작용을 말하며, 요철부위를 눌러 없애거나 구부려 평활하게 한다.
- 용융 : 연마시 버프와 접촉되는 면적이 극히 작으므로 이 접촉부위에 큰 압력이 가해져 마찰열이 집중되어 국부적으로 용해되어 오목부위에 금속이 흘러 들어가 평활한 면이 된다.

4.1.2 연마가공의 4단계

(1) 1단계 기초연마

거친 숫돌을 사용해 가공물 표면의 큰 요철(凹凸, 울퉁불퉁한 것)과 이물질을 제거하는 공정이다.

(2) 2단계 나라시

세신사(때밀이)를 나라시라고 표현하기도 하는데, 나라시는 일본어 均(なら)し로 평평하게 만든다는 의미이다. 기초연마 단계에서 나온 제품을 번호가 높고 눈이 세밀한 숫돌을 사용해 평평하게 만들어주는 공정이다.

(3) 3단계 광택(폴리싱)

나라시 공정보다 한층 더 눈이 세밀한 숫돌을 사용해, 제품 표면이 윤기가 나올 때까지 닦는 공정이다.

(4) 4단계 경면연마

눈이 아주 미세한 숫돌로 연마해 제품 표면을 거울처럼 반짝거리고 윤기가 나도록 하는 공정이다. 경면연마 단계에서는 숫돌이 아니라 천과 같이 부드러운 소재에 연마제를 묻혀 작업을 한다.

4.1.3 연마된 금속표면 특징

- 더러움 : 금강사입자, 연마분, 유지 등
- 흡착층 : 금속은 공기 중에서 산소, 기타 각종의 가스를 흡착하며, 연마시 연마제의 유지가 흡착된다.
- 화합물의 층 : 연마 면에 주로 산화물과 유지화합물이 있으며, 흡착층이 산화해서 형성된 것으로 상온에서 산화물의 두께에 비해 기계연마 후 산화층의 두께는 약 10배로 되며, 수백 $\text{Å}\,(1\,\text{Å} = 10^{-10}m = 0.1\,nm)$이다. Ni, Cr, Ag, Pt 등은 지방산과는 작용하지 않으나, Fe, Cu, Al, Zn, Cd 등은 용이하게 유지화합물이 생성된다.
- 이물질의 매몰 : 금강사, 연마분, 산화물 등이 있으며 연마재는 표피 밑에 매몰된다. 특히 연하고 유동이 쉬운 금속일수록 심하다.
- 금속의 변질층 : 연마에 의해서 금속의 볼록한 부분이 녹아 과냉각 상태로 되어 있는 비정질층

4.2 연마가공의 종류

4.2.1 버프연마(Buffing)

버프라고 불리는 천이나 펠트로 만들어진 부드러운 연마공구에 연마제를 붙여 연마하는 방법이다. 버프를 고회전 시키면서 금속을 맞추는 연마방법으로 연마부분을 조정할 수 있으며, 버프 소재와 연마제의 종류에 따라 표면의 거칠기를 조절할 수 있다.

고속으로 회전하는 버프와 물체 사이에 작용하는 압력에 의해 발생되는 마찰력을 이용하여 금속, 비금속의 표면을 기계적으로 가공하는 방법으로, 경면 광택을 위해 사용한다.

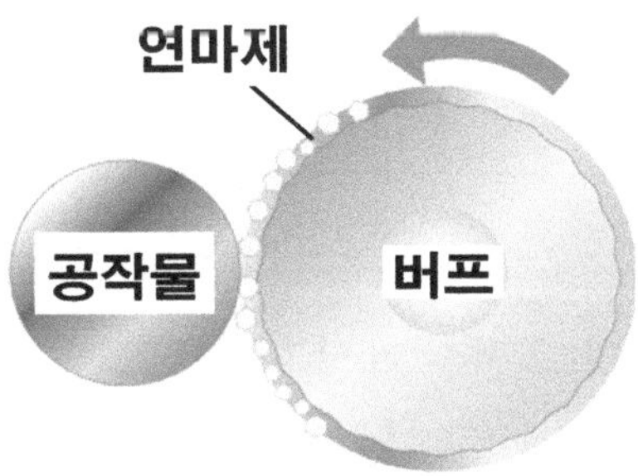

〈그림 4-1〉 버프연마

〈그림 4-2〉 버프연마기

(1) 버프연마 전처리

1) 탈지

소재에 부착된 유지 및 이물질을 제거하는 것으로 도금용 탈지제를 이용하는 것으로 일반적으로 연마 전 완전한 탈지는 완전을 기할 필요가 없고 에메리 버프(Emery buff)의 눈을 메우거나 버프를 더럽히지 않을 정도이면 된다.

2) 산화물의 제거

연마 전 녹을 제거하는 목적으로 묽은 산에 담가 녹이나 스케일(Scale)을 제거하는 것

3) 버프의 손질

버프 사용 전 버프표면을 버프 긁기(Dressor)로 평탄하게 한다.

(2) 버프 레이스 회전수

1) 모터와 버프 레이스축의 회전수 계산

$$버프\ 레이스축\ 회전수 = \frac{R}{r} \times rpm \quad \cdots\cdots 식(4.1)$$

2) 버프 원주속도(m/min)의 계산

원주속도 = 버프의 지름 × 3.14 × 버프 레이스의 rpm ……………… 식(4.2)
= 버프의 원주 × 버프 레이스의 rpm

(3) 버프 연마제(Buffing compounds, Polishing compounds)

버프연마에 사용하는 연마제로 비교적 미세한 분말의 연마제를 주성분으로 사용한다.

[표 4.1] 버프 연마제의 분류

버프 연마제	
고형 연마제	액상 연마제
유지성, 비유지성	에멀선형, 액상유, 유지성, 비유지성

[표 4.2] 고형 버프 연마재의 종류 및 용도

구별	종류	연마재	용도	
			적용공정	가공물
유지성	사이잘 컴파운드	Al_2O_3	초벌연마	탄소강, 스테인리스강
	에머리 페이스트	Al_2O_3	초벌연마	
	트리플리	SiO_2	중연마	철, 황동, 알루미늄, 아연다이캐스팅, 플라스틱 등
	라인 (메틸레스)	MgO, CaO	다듬질 연마	동, 황동, Cu 도금면
	백봉	Al_2O_3	중연마	탄소강, 스테인리스강
	청봉	Cr_2O_3	다듬질 연마	스테인리스강, 황동
	적봉	Fe_2O_3	다듬질 연마	금, 은, 백금 등
비유지성	광택소거 연마재	SiC, Al_2O_3	광택소거 다듬질, 초벌연마	금속 및 비금속재료, 스테인리스강, 알루미

1) 유지성 고형 버프연마제

가장 일반적인 버프연마제로 중연마 다듬질 공정에 사용되며, 연마제와 동·식물성 유지(우지, 로진 등), 지방산(스테아린산 등), 광물성 유지(파라핀, 바셀린, 마신유 등)와 계면활성제를 배합하여 성형한다.

2) 비유지성 고형 버프연마제

비교적 미세한 연마제(용융 알루미나, 에머리)를 사용하며, 연마제와 수용성 접착제 및 물을 주성분으로 한다. 사용할 때에는 밀봉을 열고, 먼저 유지성인 것과 같이 회전 버프면에 도포하여 사용한다.

3) 액상 버프연마제

고형 연마재와 같은 유지에 물 및 계면활성제(유화제, 분산제)를 추가하여 만들어진 수중유적형(O/W형) 에멀션에 연마제를 분산시킨 페이스트 상태이다. 현재 고품질의 연마를 위해 고형 연마제에 의한 자동연마가 많이 사용되고 있으며, 환경적인 면을 고려하여 알루미나를 많이 사용하고 있다.

4.2.2 연삭

숫돌바퀴에 회전운동을 주어 숫돌에 가공물을 대어 고속으로 표면을 깎아내는 가공법을 연삭이라 한다. 연삭기(Grinder)에 사용하는 연삭숫돌은 매우 빠른 속도로 회전하기 때문에 숫돌강도 이상의 큰 힘이 작용하여 회전 중에 파손되면 그 파편이 튀어 작업자에게 큰 재해를 입힐 수 있기에 위험하다.

숫돌은 칼날처럼 작용되는 작은 지립과 결합제로 이루어져 있으며, 틈새에 기공이 존재하는데 기공은 칩을 제거하기 위해 필요하고 가공점 부근에 발생하는 열을 대기중으로 방출시키는 역할도 한다.

(1) 연삭숫돌의 3요소

연삭 입자를 결합제로 결합해 각종 형상으로 만든 숫돌을 “연삭숫돌”이라고 한다. 연삭숫돌의 3요소는 지립(입자), 결합제, 기공의 3가지요소로 구성된다.

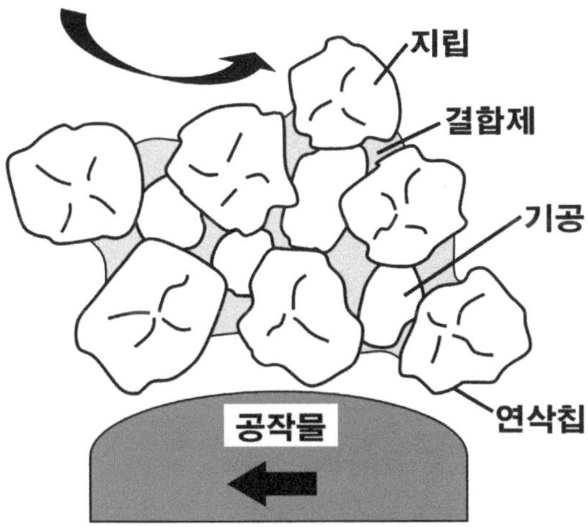

〈그림 4-3〉 연삭숫돌 구성

- 지립(Grain) : 연삭숫돌 표면에 다수 존재하는 입자가 각각의 절삭날이 되어 공작물을 깎는 작용을 한다. 연삭날.
- 결합제(Bond) : 지립과 지립을 결합시켜 연삭날을 유지시키는 작용을 한다.
- 기공(Pore) : 연삭가루와 연삭열을 도피시키는 작용을 하며, 숫돌 사용시 입자가 생성한 절삭 칩이 들어갈 수 있는 공간.

연삭입자는 석영, 사암 등의 천연입자와 산화알루미늄(Al_2O_3), 탄화규소(SiC)가 주성분인 인조입자가 있다. 특수가공에서는 다이아몬드나 입방정질화붕소(CBN)을 사용하는 경우도 있다.

(2) 연삭숫돌의 자생작용

일반 절삭공구는 날이 마모되면 절삭작업을 계속할 수 없으나, 숫돌바퀴는 연삭이 계속됨에 따라 입자의 날끝이 마멸되면 그 숫돌입자에 가해지는 연삭저항이 증가하여 입자의 일부가 부서져 나가고 예리한 날이 새로 생기거나 숫돌입자 자체가 숫돌에서 탈락하는 현상이 일어난다. 이와같이 연삭이 진행됨에 따라 둔해진 날이 새로운 날로 바뀌는 것을 숫돌입자의 "자생작용(self sharpening)"이라 한다.

(3) 연삭가공의 종류

1) 원통연삭

숫돌바퀴의 회전운동과 공작물의 이송운동으로 원통형 공작물을 가공.

- 바깥지름 연삭기
- 안지름 연삭기
- 센터리스 연삭기

2) 평면연삭

연삭숫돌의 바깥둘레를 사용하는 수평연삭기와 옆면을 사용하는 수직평면연삭기가 있다.

- 수평평형 평면 연삭기
- 수직형 평면 연삭기

3) 공구연삭

공구연삭은 바이트, 밀링커터, 드릴 등의 절삭공구를 연삭하는 것이다. 절삭공구는 종류가 많고, 형상이 복잡하기 때문에 일반적으로 높은 정밀도가 필요하므로 전용의 공구연삭기가 사용된다.

- 드릴 연삭기
- 커터 연삭기
- 만능 공구 연삭기

(4) 연삭가공의 특징

연삭가공은 칩이 매우 작으므로 절삭량이 작고, 바이트나 커터에 의한 가공보다 가공할 여유분이 적다. 또한 가공 중에는 절삭된 칩과 숫돌이 파쇄되어 만들어진 가루 등이 많이 발생한다.

- 정밀도가 높고 표면거칠기가 우수하다.
- 담금질 처리된 강, 초경합금과 같이 단단한 재료를 가공할 수 있다.
- 숫돌의 날이 무뎌지면 탈락하고 새로운 날이 생성되는 자생작용이 있다.
- 숫돌의 입자가 결합되어 고속으로 회전하므로 숫돌의 균열에 주의해야 한다.

4.2.3 벨트연마

연마 벨트(Abrasive belt)를 벨트연마기의 구동축과 종동축(외부의 동력에 의해서 회전되는 축)의 바깥 부분에 장착하여 고속으로 회전시켜 접촉된 가공물을 절삭 또는 연마하는 방법이다.

연마에 대한 초보자도 균일하게 연마할 수 있으며, 연삭속도가 커 연마효과가 크게 나타나지만, 벨트의 수명이 짧고 가공면이 에머리 연마에 비해 거칠다.

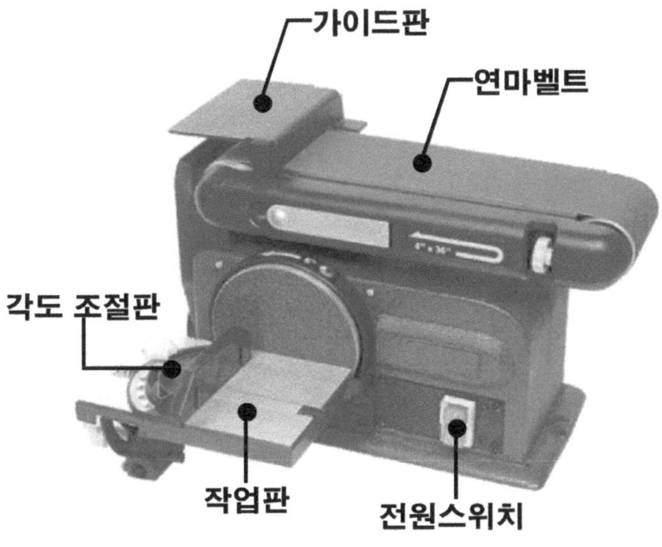

〈그림 4-4〉 벨트연마기

- 연마벨트 : 벨트 표면에 연마재가 붙어 있어 모재를 갈아내는 부분
- 가이드판 : 연마할 모재가 밀려나지 않도록 받쳐주는 부분
- 작업판 : 각도 조절판과 함께 사용하는 모재 가공을 돕는 악세서리
- 전원스위치 : 전원을 켜고 끌 때 사용

벨트연마는 PCB 제조공정에서 여러용도로 사용되고 있는데, Panel 동도금 후 두께 편차를 제거하기 위해서 사용되거나 홀 Plugging 후 홀 주위, 표면의 Plugging ink를 제거하기 위해서 사용된다. 이때의 공정순서는 PCB 투입 → Belt saning → 고압수세 → 탈수 → Air Knife → 건조 → 반출로 이루어진다.

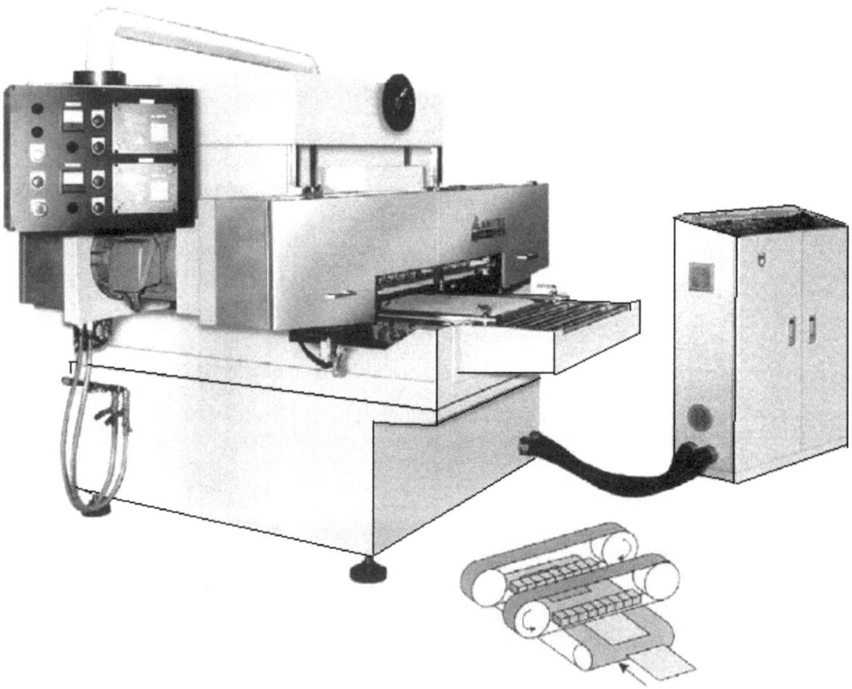

〈그림 4-5〉 Belt Sander M/C

[표 4.3] Belt Sander Specification

No	항목	조건
1	최대연마폭	610 mm
2	최소연마규격	0.5 mm(T) × 180 mm(L)
3	연마속도	60 Hz : 480 mm/min.
4	이동속도	1~5 m/min.
5	연마motor	3.7 kW
6	이송motor	0.4 kW
7	연마벨트규격	650 mm(W) × 1,700 mm(L)
8	Pass Line	700 mm
9	기계규격	940(W) × 1,620(L) × 1,580(H) mm
10	중량	1,200 kg

4.2.4 바렐(Barrel) 연마

바렐조(포트) 안에 피가공물과 연마 촉진제(Compound, 소위 가공물의 청정작용 및 연마재를 운반하는 것), 연마재(Media), 물 등을 넣어, 장입물 상호간에 서로 충돌과 마찰작용으로 바리(Burr)제거 및 라운딩 가공, 광택 마무리 연마하는 방법으로 1회의 연마 시 연마할 수 있는 피가공물의 양은, 바렐조의 치수에 의존한다.

철강이나 비철금속, 아크릴 등 피가공물을 성형한 후 생기는 바리제거, 열처리 후 스케일제거, 면취 등에 적용한다.

바렐연마에는 원심바렐, 진동바렐, 회전바렐 등이 현장에 많이 적용되고 있다.

- 회전연마기 : 팔각형의 밀폐식 통에 가공물을 넣고 회전시키며, 바렐통의 외벽을 따라 가공물이 상승하고 최상부에서 낙하시켜 낙차를 이용하는 연마방식이다.

- 진동연마기 : 원형의 오픈된 통안에 가공물을 넣고 진동에 의해 유동을 일으켜 연마하는 방식으로 가장 변형이 적고 회전바렐에 비해 연마 능력이 높다.
- 원심연마기 : 고속의 원심력을 이용하여 가공물을 연마하며, 일정하게 자전해 제품의 변형이 적은 편이다.

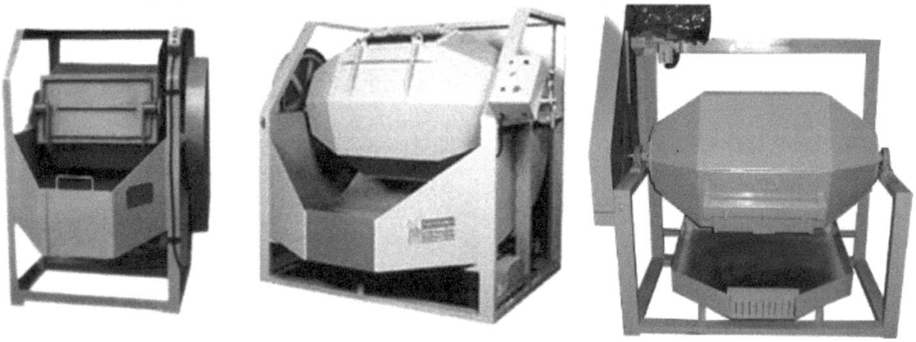

〈그림 4-6〉 회전바렐 연마기

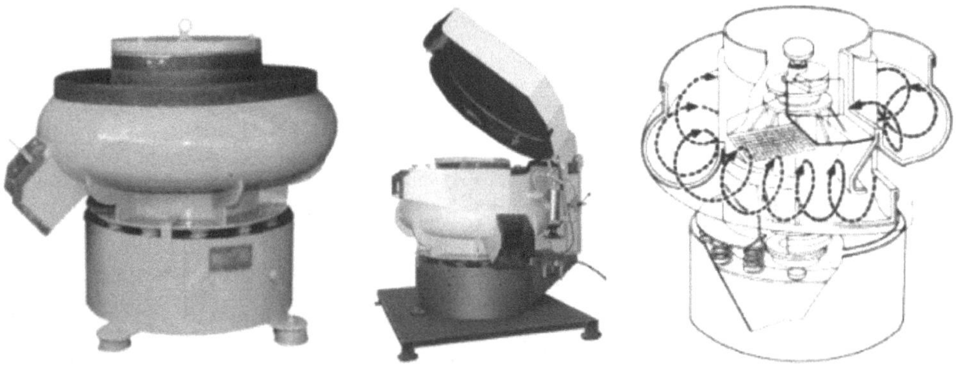

〈그림 4-7〉 진동바렐 연마기

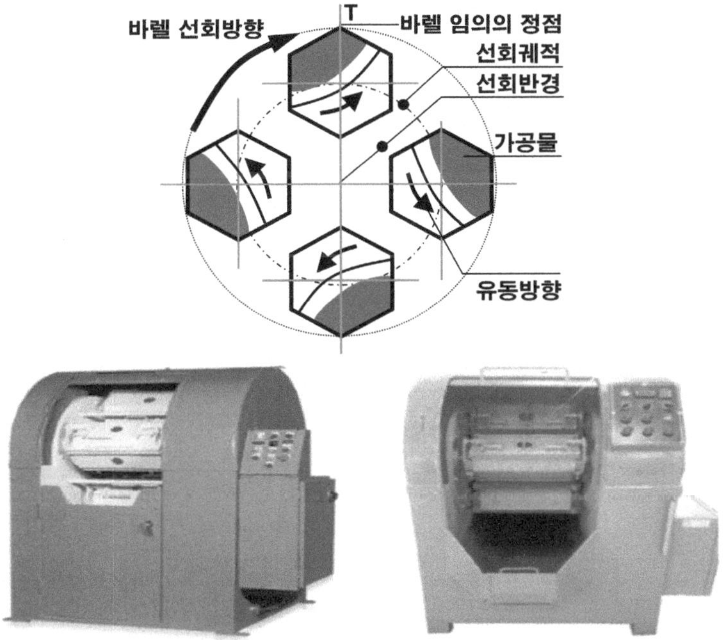

〈그림 4-8〉 원심바렐 연마기

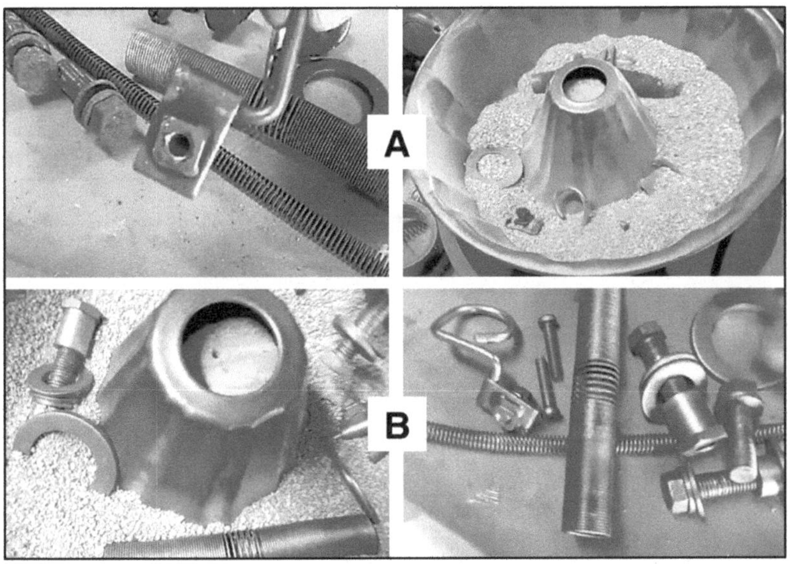

〈그림 4 9〉 바렐연마 전(A) 및 후(B)

(1) 바렐연마 가공시 주의사항

피가공물에 기름성분이 묻어있는 경우 연마효과가 저하되며, 광택 연마시에는 오염의 주된 요인이 되어 목적의 성과를 기대할 수 없으므로 바렐 연마전에 필히 탈지세정을 해야 한다.

탈지제는 아크린 25, NF33-1 또는 일반금속 탈지제를 사용한다.

(2) 바렐연마의 연마석 종류

가공물과 함께 바렐내에 장입하여 연마작용을 하는 동시에 가공물 사이의 충돌을 방지하는 물질로 바렐연마 작업에서 중요한 역할을 한다.

연마석은 강연삭, 중연삭, 경연삭 및 광택 등 연삭조건에 맞춰 선정한다.

규석, 모래, 화강암, 자갈, 나무 부스러기, 가죽 등이 이용된다. 연삭, 연마, 광택완성 등의 연마 목적과 가공물의 종류 및 형상에 맞춰 크기를 선택할 수 있다.

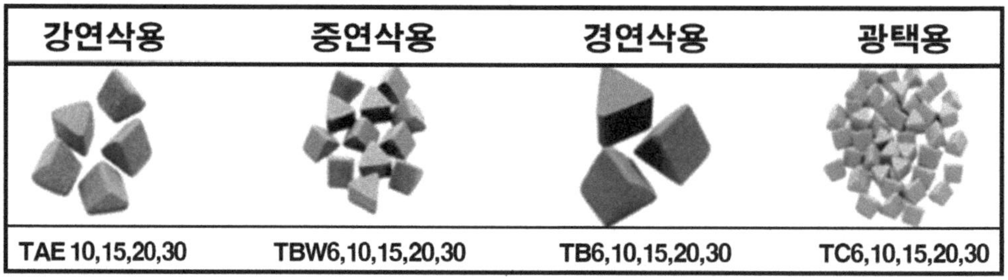

〈그림 4-10〉 바렐연마 연마석의 종류

(3) 연마촉진제(Compound)

바렐연마의 효과를 향상시켜 스케일 제거, 변색 방지 및 광택을 내기 위해 물에 첨가하는 첨가제로 다음과 같은 효과를 낼 수 있다.

- 장입된 가공물과 가공물 및 배럴 벽과의 마찰에 대한 완충작용
- 미끄러짐과 혼합 운동에 있어서의 윤활작용
- 장입된 가공물의 표면을 깨끗하게 보존시키는 청정작용

- 방청제 첨가에 의한 방청 작용
- 광택연마 촉진작용
- 작업 후의 세척을 용이하게 해주는 작용

[표 4.4] 바렐 연마용 연마촉진제

종류	성분 및 작용
산성	열처리 후 스케일 제거, 중화 및 세정 필요. 염산, 황산
알칼리성	산성 컴파운드 중화 및 기름 세정. 탄산소다, 아질산소다, 수산화나트륨, 시안화나트륨, 탄산나트륨 등
중성	전 작업에 대한 청정 및 산화제. 인산류, 아질산나트륨 등
절삭제	연삭 입자의 산 · 알칼리 · 중화 컴파운드의 혼합물
방청제	방청제에 연마재를 혼합 사용
습윤제	공작물의 건조방지를 위해 사용
계면활성제	마찰을 원활하게 함. 올레인산나트륨 등

4.2.5 래핑(Lapping) 연마

교합부품의 정확한 맞물림을 얻기 위하여 가공물의 치수를 맞추기 위한 방법으로 랩과 가공물 사이에 랩제(Lapping Compound)를 적용시켜 가공물 표면을 극히 미량 깎아내어 정밀도가 높고, 평활한 면을 얻을 수 있다. 특히, 래핑머신 평면의 받침대 위에 가공물을 놓고 래핑머신과 가공물 사이에 지립을 포함한 연마제를 끼워 가공물에 위에서 압력을 가해 연마를 수행하게 된다.

래핑연마는 조작이 간단하고, 정밀도가 높기때문에 마감 가공으로 널리 이용되고 있으며, 연삭속도가 느리기 때문에 가공물의 두께를 많이 깎아야 할 때는 작업 효율성이 좋은 숫돌연마를 적용하는 것이 좋다.

래핑연마는 액체로 된 연마제를 흘려넣는 습식래핑과 래핑머신에 지립이 박혀 있는 건식래핑이 있다.

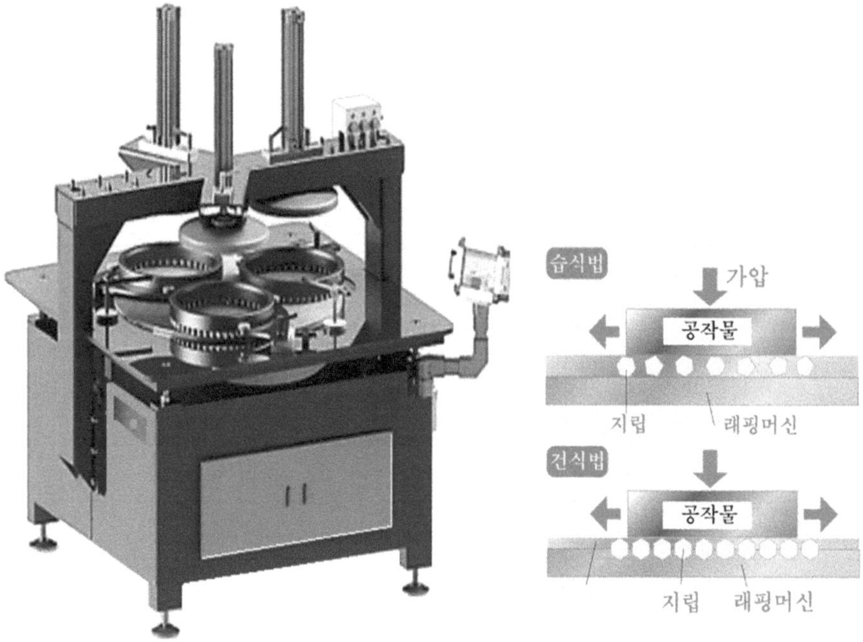

〈그림 4-11〉 래핑연마기 및 원리

- 습식래핑 : 랩제와 랩유를 혼합하여 가공물에 주입하면서 래핑을 수행한다. 비교적 고속도, 고압력으로 거친 다듬질 가공에 이용되며, 절삭량이 건식에 비해 많고, 다듬질면은 광택이 적다. 래핑압력은 약 0.5 kg_f/cm^2 정도이다.
- 건식래핑 : 랩제를 건조상태로 사용하여 래핑작업을 수행한다. 주로 습식래핑 후 더 정밀한 마무리와 광택을 위해 사용한다. 절삭량이 습식의 약 1/10정도로 적으며, 래핑압력은 약 1.0~1.5 kg_f/cm^2 정도로 습식보다 높다. 다듬질 면에 광택이 있는 경면가공이 가능하다.

래핑은 반도체산업, 광학산업, 항공우주산업, 자동차산업, 전자산업, 정밀기계산업, 의료산업 등 다양한 산업분야에서 고정밀도, 우수한 표면품질, 높은 평탄도가 요구되는 부품제작에 필수적으로 사용되고 있다.

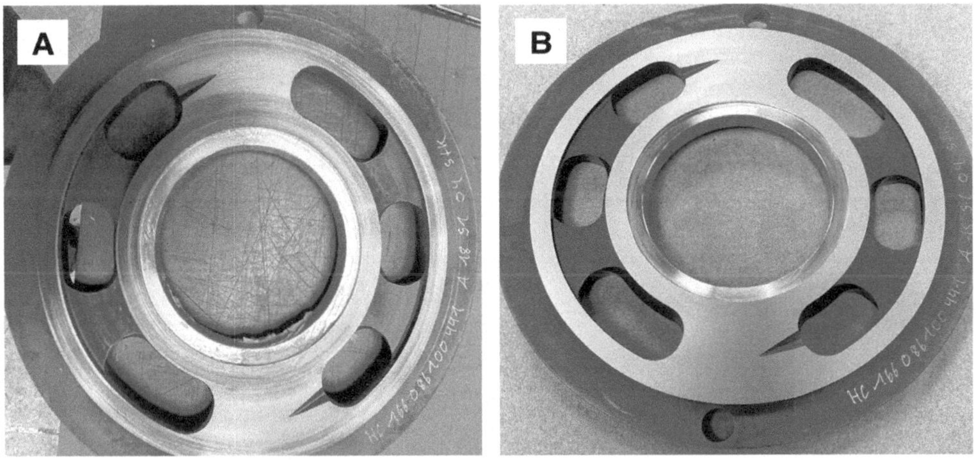

〈그림 4-12〉 래핑연마기 전(A)과 후(B)

(1) 랩제

랩제는 래핑 가공에 사용되는 미세한 연마입자로 공작물의 표면을 정밀하게 가공하는 데 중요한 역할을 한다.

랩제는 입도가 미세하고 균일해야 하며, 융점이 가공물보다 높아야 하며, 래핑유 중에서 쉽게 분산되어야 한다. 습식랩제는 적당히 파쇄되고 절삭날의 모서리가 예리해야 하며, 건식랩제는 삭날의 모서리가 비교적 둔하고 평평해야 한다. 랩제의 입도는 가공단계에 따라 다르게 선택할 수 있다.

- 거친 다듬질 : #200~#400
- 중간 다듬질 : #400~#800
- 마무리 다듬질 : #1000 이상

(2) 랩유

랩유는 윤활의 한 종류로 볼 수 있다. 래핑과정에서 공작물과 랩 사이의 마찰을 줄여주고(윤활기능), 랩제(연마입자)를 지지하고 분산시키고(랩제지지), 래핑과정에서 발생하는 열을 식혀주고(냉각작용), 가공 중 발생하는 미세한 입자들을 씻어내는 역할(세정효과)을 한다.

랩유는 윤활기능을 가진 특수목적의 유체로 일반적인 윤활유의 범주에 포함되지만, 그 특성과 용도가 매우 특화되어 있다.

[표 4.5] 랩제와 랩유의 종류 및 용도

랩제와 랩유의 종류		용도
랩제	알루미나(Al_2O_3)	강철가공에 사용
	산화크롬(Cr_2O_3)	마무리 담금질에 사용
	다이아몬드	초경합금, 보석, 경화강 가공에 사용
	탄화규소(SiC)	유리, 수정, 연한 금속 가공에 사용
	산화철(Fe_2O_3)	유리, 수정, 연한 금속 가공에 사용
	석류석	목재, 반도체 재료 가공에 사용
랩유	경유	가장 일반적으로 사용
	경유와 기계유의 혼합물	경유에 기계유를 섞어 사용하며, 금속가공에 널리 사용
	석유	보통 가장 좋은 성능을 보임
	물	유리, 수정 등 비금속 재료 가공에 사용
	수용성 유	물과 함께 사용, 특정 비금속 재료의 가공에 적합하며, 특수한 윤활유
	스핀들유	고속회전부품의 래핑에 사용
	머신유	일반적인 기계부품의 래핑에 사용
	중유	무거운 부품이나 높은 압력이 필요한 래핑작업에 사용
	올리브유	특수한 경우에 사용되는 식물성 오일
	그리스	연한 재료의 래핑에 사용

4.2.6 전해연마(Electro polishing)와 화학연마(Chemical polishing)

전해연마와 화학연마는 피연마 금속면을 용해하는 것을 이용하여 피연마면에 혼입되어 있는 각종 불순물, 소성변형을 받은 변질층을 제거한다. 전해연마에서는 전기화학적인 방법을 이용하여 잔류응력이 발생하지 않고 가공에 수반되는 변질층도 나타나지 않는다. 또한 기계적 연마와 다르게 복잡한 형상, 세밀하고 얇은 제품의 연마도 가능하다.

(1) 전해연마(Electro polishing)

피연마체의 미세한 돌출부를 미세한 홈보다 더 많이 용해시켜 표면을 평활하게 만드는 방법으로, 일반가공 부품의 표면거칠기 보다 50~80% 정도 향상된다. 주로 오스테나이트계 스테인리스강을 원재료로 사용하는 제품 연마에 많이 사용한다.

[표 4.6] 소재별 전해연마 조건

금속	전압(V)	전류밀도 (A/dm^2)	용액	온도(℃)
알루미늄	30-70	30-200	수산화칼륨	80
알루미늄	10-40	10-100	인산염	<60
철강	50	4-6	과염소산	<30
철강	4-6	1-12	인산	상온
철강	15-40	100-200	크로뮴산	20-80
니켈	40	30-60	황산	40
동	1.5-2	1-10	인산 크로뮴산	상온
놋쇠	1.8-5	13-15	인산	상온
황동	2-5	16	수산화칼륨	상온
은	2-4	05-3	시안화칼륨	상온
스테인리스강	5-20	10-100	인산 황산	70-130

1) 전해연마 원리

전해연마는 패러데이 법칙을 따른다.

- 전기분해에 의하여 전극상에 석출 또는 용해하는 화학물질의 양은 통과한 전기량(전류 x 시간)에 비례
- 같은 전기량에 의해 석출 또는 용해하는 서로 다른 물질의 양은 각각의 화학당량에 비례한다. 즉, 패러데이 법칙은 다음 식으로 표시된다.

$$W = \frac{I \cdot t \cdot e_q}{F} \quad \text{식(4.3)}$$

여기서, W : 전극 상에 석출 또는 용해하는 물질의 질량(g)

I : 전극과 전해액 계면을 통과한 전류의 세기(A)

t : 전류가 흐르는 시간(s)

e_q : 석출 또는 용해한 물질의 당량

F : 패러데이상수

전기량(전류×시간)일 경우 전기량(전류×시간)이 2배가 되면 화학변화를 일으키는 물질의 양도 2배가 되어 스테인리스강으로부터 용출되는 금속 이온량이 2배 정도 된다.

패러데이 법칙에 의하면 스테인리스강의 용출량은 전기량(전류×시간)에 의해 정해지는 양으로 전해연마액과 전해온도 등에는 영향을 받지 않지만, 전해연마액과 전해온도 등은 스테인리스강 표면의 평활도, 핀홀의 발생, 그 외의 전해 연마의 마무리 상태에 큰 영향을 미친다. 또한 기계적 연마와 전해 연마를 같이 실시하는 방법(예 : 전해 복합연마 등)은 기계적 연마와 전해연마 모두가 작용하므로 패러데이 법칙을 따르지 않는다.

2) 전해연마 공정

스테인리스강의 전해연마 공정 순서는 다음과 같다.

① 솔벤트 세척 : 유기용제 세척

② 전해연마 : 소재별 알맞은 약품 적용

③ 수세 : 물, 50~70℃

④ 산성 또는 알칼리성 용액 침적 : 질산 10%, 상온
탄산나트륨 15% + 삼인산나트륨 5%, 상온

⑤ 수세(분사식 또는 침적) : 증류수, 50~70℃

⑥ 건조: 대기 중, 상온

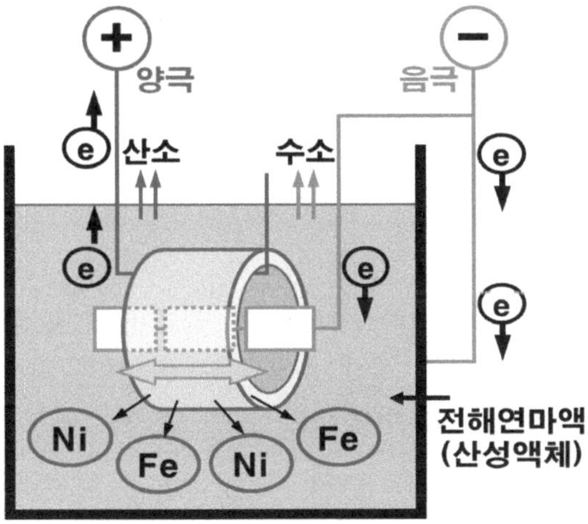

〈그림 4-13〉 전해연마 공정

3) 전해연마의 목적

가) 탈지

스테인리스강은 압연이나 프레스, 기계절삭, 연마 등 거의 모든 공정에서 기름이 필요하며, 그 기름이 표면에만 작용하는 것이 아니라 경우에따라 금속 내부까지 침투하게 된다.

나) 버프 분말의 제거

버프 연마재 분말은 대단히 세정이 상당히 어려운 물질로서 알루미나, 지르코늄 등의 연마재를 파라핀 등의 기름과 함께 고형화시켜 봉형태로 성형시킨 것을 천에 묻힌 후 스테인리스강 표면을 연마하여 광택을 낸다.

다) 표면의 평활화

기계적인 연마는 거의 모든 경우 작은 크기의 연마 입자를 사용하여 연마 후에도 전자현미경으로 관찰하면 미세한 흠집이 보인다. 하지만 전해연마는 연마재에 의하여 600번 정도 기계 연마하여 전자현미경으로 관찰하여도 흠집이 전혀 관찰되지 않는다.

라) 부동태화

스테인리스강을 부동태 처리용 산처리제에 침지시켜 인위적으로 강하고 견고한 산화피막을 형성해 주어 금속 내의 산소 침투를 방지하고 전기화학적으로 안정된 금속을 만든다.

마) 크로뮴의 농축

녹이 발생하기 어려운 스테인리스강 표면을 만들기 위한 것으로, 전해연마 후 킬레이트제(Chelating agent) 처리, 질산 등에 의한 부동태화 처리를 하면 녹이 발생하지 않는 스테인리스강 표면을 얻을 수가 있다.

바) 세정성 향상

전해연마에서는 미세한 요철이 제거되고, 표면이 완전히 부동태화되므로 활성화 결합이 없어지므로 물질이 부착하는 힘이 약화되어 세정성이 향상된다.

(2) 화학연마(Chemical polishing)

화학연마는 금속의 화학처리법으로서 강 산·강 알칼리·산화제와 같은 용액에 금속 또는 합금을 담그는 것만으로 금속면에 광택효과를 내는 평활한 면으로 만드는 것이다.

전기분해 작용을 이용한 전해연마(電解硏磨)와 비교하여 일정한 온도의 강산 용액에 가공물을 단시간 담근 후 세척하여 광택을 얻는 화학연마는 전기에너지가 불필요하며, 조작이 간단하고 단시간에 대량으로 균일한 작업이 가능하다. 균일하게 다듬질할 수 있으나, 작업 중 유독가스가 발생하는 문제점이 있다.

예로부터 키린스 다듬질이라 하여 구리·황동 등의 지금(地金)을 도금하는 전처리로서 행해졌는데, 1948년 미국의 H.프레이 등이 화학연마라는 말을 사용해서 특허를 얻은 이래 사용하게 되었다.

전해연마에 비해서 전기에너지가 불필요하며 조작이 간단하고 단시간에 대량 처리가 가능하고 균일하게 다듬질할 수 있으나, 작업 중 연마욕(硏磨浴)에서 유독가스가 발생하는 결점도 있다. 구리의 경우를 예로 들면, 황산 800 g, 질산 100 g, 염산 25 g, 물 490 g의 비율로 혼합한 연마용기에 약 40℃로 1분간 담근다. 알루미늄을 인산, 질산, 황산, 요소의 혼합액으로 110℃에서 처리하는 등의 예가 있다.

1) 알루미늄과 알루미늄합금의 화학연마

화학연마는 알루미늄에 가장 성공적으로 사용되고 있다. 알루미늄이 양성금속이면서 고순도의 금속을 얻기 용이하고, 재료적으로 성분의 변동이 작기때문에 작업 시 재현성이 좋다. 니켈, 철, 구리 등의 중금속에 황산염 또는 질산염을 첨가하면 알루미늄의 용해속도가 높아져, 욕 온도와 농도가 낮아도 양호한 연마효과를 얻을 수 있다.

인산에 질산을 넣으면 광택이 우수하지만 유해가스가 많이 발생된다. 반면 인산에 황산을 넣으면 유해가스 발생이 적어 이 방법을 더 선호한다.

[표 4.7] 알루미늄 : 인산-질산법

	인산 (vol%)	질산 (vol%)	초산 (vol%)	물 (vol%)	온도 (℃)	비고
1	73~83	2~5		14~22	약 90	
2	70	2~3	12~15	12~15	100~120	
3	60	20	20		120	0.5-10 분
4	81	5	15		90-100	규산 5~50 g/L 혹은 황산(30%) 100 ml

[표 4.8] 알루미늄 : 금속염을 첨가한 화학 연마액

	인산 (vol%)	황산 (vol%)	질산 (vol%)	금속염	온도 (℃)	비고
1	70	25	5		90~120	
2	78	11	11	황산제1철 0.8(g/L)	90~120	
3	45-85	0-40	2-40		90~120	초산 0~15%(vol)
4	53-77.5	15.5-42	4.5-6.0	황산동 0.3~0.5wt.%	90~120	붕산 0.4~0.5%(vol)
5	77.5	15.5	6.0	질산동 0.05wt.%	100	카루보키시메칠세루로스 첨가, 1~4분

[표 4.9] 알루미늄 : 질산-불화물법 화학연마액

	질산 (vol%)	물	금속염	온도 (℃)	시간	비고
1	13	잔량	산성불화암모늄 16%	55~75	15~20초	질산염 0~0.02wt.%
2	100~170 g/L	잔량	중불화암모늄 100~200g/L	50~80	10~30초	
3	3.75	잔량	불화수소산암모늄 0.65wt.%	90~100	3~5분	에칠렌글리콜 0.65 wt.% 질산동 0.0025 wt.%

[표 4.10] 알루미늄 : 과산화수소 인산법 화학연마액

	인산	과산화수소 (vol%)	물 (vol%)	물 (vol%)	온도 (℃)	시간	비고
1	60~80%	1~10	13~35	14~22	70~110	30~60초	
2	1L	50 mL		12-15	실온	5분	

[표 4.11] 알루미늄 : 알칼리계 화학연마액

	수산화나트륨	질산나트륨	물 (wt%)	온도 (℃)	시간	비고
1	7~30 g/L	14~30 g/L		60~70		
2	1.5%(wt)	32%(wt)	66.5	70	6분	교반회전수 300 rpm

2) 철강의 화학연마

철강의 화학 연마는 황산, 염산이 주로 사용되며, 인산계통에서 올소인산, 메타인산, 피로인산 3종류를 많이 사용한다. 인산 중에서 피로인산이 가장 우수한 특성을 가지며, 이는 욕의 점성, 가용성 피막의 용해 확산이 일어나기 때문이다. 인산을 사용할 때는 120℃의 온도가 좋으며, 물건을 끼내서 수세할 때 또는 수세를 한 후 변색되거나 산화녹이 생기는 단점이 있다. 욕 전체를 공업적 면에서 보면 경제적으로 사용하기 위해서는 황산, 질산과 같은 저가의 약품을 사용하는 것이 유리하지만, 첨가에 한계가 있어 황산은 비중 1.76의 것을 10%를 넘지 않도록 하며, 질산은 3%를 넘지 않도록 한다.

[표 4.12] 철강의 화학연마

	질산 (vol%)	황산 (vol%)	염산 (vol%)	물	온도 (℃)	비고
1	(70%) 400	(95%) 600		192		테트라 인산 100. 경우에 따라 크로뮴산 혹은 인산철 0.75~2.25 g/L
2		45~55		55~45	77~120	Sn, Cr, Mo, Ti을 0.01g/L 이상
3	100~200	200~600	25		80~120	인산400 0.2~1분
4		0-10			180~250	축합인산(P_2O_5 72-75%) 100%(vol). 수초~수분

5	3 mL			30 mL	60~70	불산 7 mL 2~3분
6				80 mL	35	옥살산(100 g/L) 28 mL 5분
7		0.1 g		1 L	20-30	옥살산 25 g, 과산화수소 13 g 30~60분

3) 구리, 니켈 및 합금의 화학연마

구리와 구리합금 계통의 욕조성은 황산-질산-염산법이 사용된다. 황산-질산-염산법은 갈색의 피막을 발생시켜 3~5% 황산액에 침지하여 깨끗하고 광택 있는 표면을 만든다.

[표 4.13] 구리, 니켈 등 비철금속의 화학연마

	질산 (vol%)	황산 (vol%)	염산 (vol%)	물	온도 (℃)	시간	비고
1	200 mL	400 mL	2 mL	300 mL	상온	30초 이상	키린스액
2	32	64	1	64	상온	30초 이상	
3	20~80	20~80	0.1~0	경우에 따라 첨가	실온		크로뮴산 5~200
4	5~20 (vol%)			0~10 (vol%)	50-80	2~6분	인산 : 30~80(vol%) 빙초산 : 10~50(vol%)
5	200 mL		5 mL		50-80	2~6분	인산 : 550 mL 빙초산 : 50 mL

4) 화학연마시 주의해야할 점

- 금속 합금의 결정입이 너무 클 때(주조가 적당하지 않을 때), 불균일한 금속 조직의 경우(깊은 드로잉의 경우) 합금성분의 부분적 불균일(용접부분) 판제품의 일정 방향을 갖는 롤상처 등이 상당히 깊이 남기 때문에 주의를 요한다.
- 기름, 먼지 등이 있으면 핏트를 발생시키는 원인이 된다.
- 액조성 탱크의 제작에서 재질로는 내산도기, 내산벽돌, 내산세멘트 SUS316 등 여러 가지가 있으나 본인이 권장하는 제일 좋은 재질은 겉에는 SUS나 P.P로 하고 내측에는 납 3 mm이상의 두께로 씌워서 만드는 것이 영구적이고 제일 실용적이다

[표 4.14] 전해연마 및 화학연마의 차이점

		전해연마	화학연마
연마기구		양극적 용해	화학적 용해(침적)
연마의 균일성		불균일해지기 쉽다 (전류 분포에 의존). 복잡한 형상의 물건에는 보조 전극이 필요 전기접점은 마모되지 않는다.	균일한 마무리 액에 접촉되는 부분만 연마된다.
조작		조금 복잡	단순
사용약품		조금 약한 약품 전기에너지가 기여한다.	강한 약품과 가열(고온)
설비관계	전원	필요	불필요
	배기	미스트가 소량	미스트가 다량
	치구	불용성 치구	불용성 용기가 주체

4.3 연마작업 수행

연마작업은 동력을 이용하여 제품을 가공하는 작업이므로 안전사고의 위험성을 갖고 있으므로 작업자 스스로가 안정에 대해 대책을 세우고 관리자나 책임자는 작업자의 안정을 위해 보호용구를 제공하고 착용을 의무화해야 한다.

4.3.1 보호구(Protector, Protective equipment)

근로자가 작업환경에서 받을 수 있는 건강장해를 예방할 목적으로 사용하는 것으로 재해 예방을 대상으로 한 것을 안전보호구라 하며, 건강장해방지의 목적으로 사용하는 것을 위생보호구라 한다.

(1) 개인 보호구

- 개인보호 관리방법 : 호흡기 보호, 청력 보호, 기타 장비(화학물질에 저항성이 있는 보호의와 장갑 등)
- 특정 업무에 사용되는 개인 보호구는 규정이 확립 : 유해물질을 노출수준 이하로 감소시킬 수 있는 개인 보호구만을 선별 사용
- 개인 보호구를 효과적으로 사용하는 것은 근로자의 선택과 협조에 의해 결정
- 개인 보호구의 목적을 달성하기 위해서는 근로자의 교육과 훈련이 필수
- 작업복과 보호 장비에서 발생할 수 있는 환경오염물질에 의해 근로자, 가족, 그리고 지역주민들이 오염되지 않기 위한 효과적 관리 필요

(2) 보호구 교육(Protector eduction)

안전한 작업수행을 위해서 위험, 작업 대상의 종류에 알맞은 보호구를 착용해야 한다. 작업자에게 올바른 보호구란 어떤 것인가, 보호구의 점검방법, 보호구의 작용, 보호구의 기능 착용방법, 사용수칙 등을 교육해야 한다.

- 발생된 재해를 원인별로 조사하여 분석한 결과
- 교육 미비로 인한 무지에서 발생된 것이 상당한 비중을 차지
- 교육과 훈련의 대상: 경영자, 감독자, 작업자 모두를 대상공정이나 시설을 설계하는 사람도 대상에 포함.
- 교육의 근본원리
- 훈련에 의해 얻어진 지식을 실제로 이용할 수 있도록 하는 데 있음.

4.3.2 보호구의 종류

(1) 안전모의 종류

〈그림 4-14〉 안전모

[표 4.15] 안전모의 종류

종류(기호)	사용 구분	모체의 재질	비고
AB	물체의 낙하 또는 비래 및 추락에 의한 위험을 방지 또는 경감시키기 위한 것	합성수지	
AE	물체의 낙하 및 비래에 의한 위험을 방지 또는 경감하고, 머리부위 감전에 의한 위험을 방지하기 위한 것	합성수지	내전압성
ABE	물체의 낙하 또는 비래 및 추락에 의한 위험을 방지 또는 경감하고, 머리부위 감전에 의한 위험을 방지하기 위한 것	합성수지	내전압성

* 내전압성이란 7,000V이하의 전압에 견디는 것을 말한다.

(2) 보호면(Face shield)

근로자가 작업 시 유해광선, 열, 불꽃, 화학약품 등으로부터 얼굴 부위를 보호하기 위해 사용되는 보호구로 보안면이라고도 한다.

보호면에는 일반 보호면과 용접용 보호면이 있다. 일반보호면은 일반작업 시에 발생하는 비산물과 유해한 액체로부터 얼굴을 보호하고 눈부심을 방지하기 위해 적당한 보호안경 위에 겹쳐 착용하는 것으로 플라스틱으로 되어 있다. 용접용 보호면은 아아크용접과 가스용접, 절단작업 시에 발생하는 유해한 자외선, 가시선, 적외선으로부터 눈을 보호하고 용접광과 열에 의한 화상 또는 가열된 용재 등의 파편에 의한 화상위험에서 용접자의 안면, 머리 부분, 목 부분을 보호하기 위한 것이다.

〈그림 4-15〉 일반 안면보호면

〈그림 4-16〉 용접 안면보호면

(3) 방진 마스크

방진 마스크의 재료가 갖추어야 할 조건은 다음과 같다.

- 안면에 밀착하는 부분은 피부에 장해를 주지 않아야 한다.
- 여과재는 여과 성능이 우수하고 인체에 장해를 주지 않아야 한다.
- 방진 마스크에 사용하는 금속 부품은 부식되지 않아야 한다.
- 전면형의 경우 사용할 때 충격을 받을 수 있는 부품은, 충격 시에 마찰 스파크가 발생되어 가연성의 가스혼합물을 점화시킬 수 있는 알루미늄, 마그네슘, 타이타늄 또는 이의 합금으로 만들어서는 안된다.
- 반면형의 경우 사용할 때 충격을 받을 수 있는 부품은, 충격 시에 마찰 스파크가 발생되어 가연성의 가스혼합물을 점화시킬 수 있는 알루미늄, 마그네슘, 타이타늄 또는 이의 합금을 최소한 사용하여 만들어야 한다.

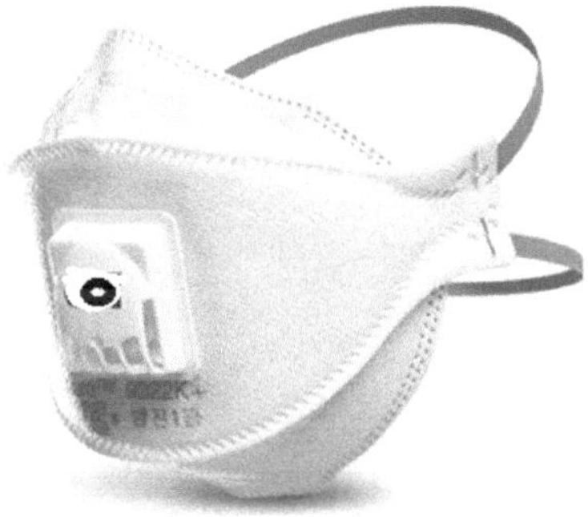

〈그림 4-17〉 방진마스크

(4) 귀덮개, 귀마개

버프연마의 특성상 소음이 많이 발생하므로 오랜 작업을 하면 청력에 이상이 있을 수 있다. 이를 방지하기 위해 귀마개 혹은 귀덮개를 착용하여 소음을 차단하는 보호구이다.

(5) 보호안경(Protective goggles)

근로자가 작업 시에 눈으로 들어오는 이물질을 방지하고, 특정 화학물이나 자외선 또는 강한 광선 등으로부터 눈을 보호하기 위해 사용하는 보호구의 일종으로 보안경이라고도 한다. 보호안경은 사용구분과 렌즈의 재질에 따라 다음과 같이 구분된다.

- 자외선과 적외선 등의 강렬한 가시광선이 발생하는 장소에서 사용하는 차광안경
- 미립자, 칩(chip) 그 밖의 비산물로 부터 눈을 보호하기 위한 유리보호안경과 플라스틱안경
- 근시, 원시, 난시인 근로자가 차광안경, 유리보호안경, 플라스틱 보호안경을 착용해야 하는 경우 시력을 교정하기 위한 도수렌즈 보호안경 등이다.

〈그림 4-18〉 보호안경

(6) 보호앞치마(Protective apron)

유해 약품, 화학제품, 금속 등이 신체의 전면 피부에 접촉하는 것을 방지하는 앞치마로 보호구의 하나이다. 가슴에서 무릎까지 가리는 가슴 치구형과 하반신을 덮는 앞치마형이 있다. 재질로는 천연섬유, 합성섬유, 고무, 플라스틱 등 여러 가지가 있으며, 취급하는 물질의 성질에 따라서 선택한다.

(7) 보호복(Protective clothing)

눈, 귀, 호흡기 등 개개의 기관을 보호하는 것이 아니고 전신 또는 일부(손, 발, 머리)를 화학적, 기계적, 물리적 작용으로부터 보호하는 것이 보호의이며, 근로자가 작업할 때에 사용하는 것이 산업위생보호의(産業衛生保護衣)로서 산업 위생보호구의 하나이다. 산업 위생보호의 에는 화학물질, 고온, 고압, 전기 등의 유해물에 대해 각각 요구되는 성능을 달리하는데 공통적으로 말하면 착용해서 체온조절이 방해받지 않고, 재해의 위험이 없으며, 작업자의 동작에 지장이 없어야 한다. 또 의복의 재료는 견고하고, 유연하고, 가볍고, 자극성이 없고 내구성이 있으며, 세탁이 용이한 것이 바람직하다. 고온에 대하여는 방열복, 냉방복이 사용되고, 고기압에 대하여는 잠수복, 전기에 대하여는 전기절연복, 제전복을 사용한다.

(8) 내산 장갑(Safety glove)

손을 보호하는 보호구이다. 용도에 따라서 일반 작업용, 용접용, 내열용, 액체취급용, 전기용 등의 여러 종류가 있다. 용접용은 용접작업에 수반하는 자외선, 복사열, 감전으로부터 손을 보호하기위한 것으로 팔의 절반 정도를 가리는 토시가 달려 있는 피혁제이다.

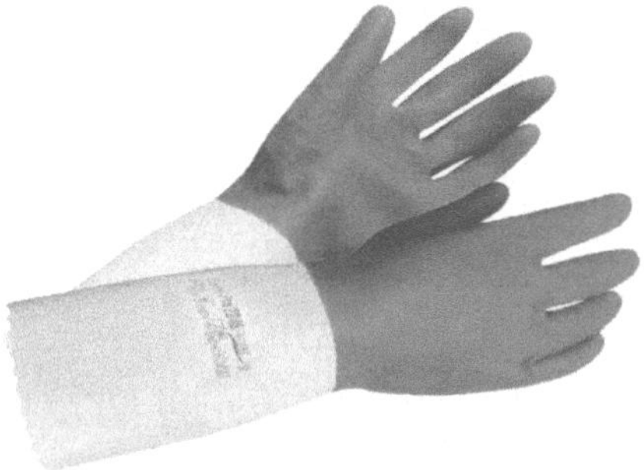

〈그림 4-19〉 내산장갑

내열장갑은 고열을 취급할 때에 착용하는 것으로 재료는 내역성이 높은 것이 사용된다. 액체취급 장갑은 산, 알칼리, 기름, 화학약품 등에 의한 장해를 방지하기 위한 것으로 천연·합성고무, 비닐계의 유지 등이 사용된다. 전기용은 배전 등의 가선작업을 할 때에 감전방지용으로 사용되는 것으로 취급하는 전압에 따라 세 가지 종류가 있는데 모두 양질의 고무로 만들어져 있다.

(9) 안전화

산, 알칼리, 화학약품, 가스 등에 의한 장해로부터 발을 보호하기 위한 위생보호구를 말한다. 그러나 이 보호 장화는 외부에 유해물에 대해서 피부를 보호하는 재료가 사용되어 있기 때문에 체온의 발산이 어렵고 여름철에 고온고습의 환경에서는 내부의 온도가 상승되어 장시간 사용은 곤란하기 때문에 사용에 유의해야 한다.

〈그림 4-20〉 내화학안전장화

〈그림 4-20〉 내화학안전화

[표 4.16] 안전화의 종류

종류	사용 구분
가죽제 안전화	물체의 낙하, 충격 및 바닥의 날카로운 물체에 의해 찔릴 위험으로부터 발을 보호하기 위한 것
고무제 안전화	물체의 낙하, 충격 및 바닥의 날카로운 물체에 의해 찔릴 위험으로부터 발을 보호하고 아울러 방수 또는 내화학성을 겸한 것
정전기 안전화	물체의 낙하, 충격 및 바닥의 날카로운 물체에 의해 찔릴 위험으로부터 발을 보호하고 아울러 정전기의 인체 대전을 방지하기 위한 것
발등 안전화	물체의 낙하, 충격 및 바닥의 날카로운 물체에 의해 찔릴 위험으로부터 발 및 발 등을 보호하기 위한 것
절연화	물체의 낙하, 충격 및 바닥의 날카로운 물체에 의해 찔릴 위험으로부터 발을 보호하고 아울러 저압의 전기에 의한 감전을 방지하기 위한 것
절연 장화	고압에 의한 감전을 방지하면서 방수까지 겸한 것

4.3.3 보호구점검(Protector unspection)

보호구에는 작업조건에 따라서 모자, 옷, 신발, 장갑, 안경, 마스크 등 여러 가지가 있는데, 작업조건에 적응하는 적정한 보호구가 사용되고 있는가에 대한 여부를 조사하는 것을 말한다.

보호구점검은 다음 사항에 대하여 점검한다.

- 작업에 필요한 양이 지급되고 있는가
- 작업에 적응하는 능력을 가지고 있는가
- 올바른 사용방법을 취하고 있는가
- 보관상태는 적절한가

- 충분히 활용되고 있는가
- 사용에 대한 지도가 이루어져 있는가
- 손질이나 보수는 잘되고 있는가 등

작업환경이 설비개선 등의 방법으로 적절히 개선될 수 없어 근로자의 건강과 안전에 위험이 있을 때에는 언제나 개인보호구가 지급되어야 한다.

[표 4.17] 일반 작업별 보호구

작업명	보호구	보호 대상
물체가 떨어지거나 날아올 위험 또는 근로자가 추락할 위험이 있는 작업	안전모	머리
높이 또는 깊이 2미터 이상의 추락할 위험이 있는 장소에서 하는 작업	안전대	몸
물체의 낙하·충격, 물체에 끼임, 감전 또는 정전기의 대전(帶電)에 의한 위험작업	안전화	발
물체가 흩날릴 위험이 있는 작업	보안경	눈
용접 시 불꽃이나 물체가 흩날릴 위험이 있는 작업	보안면	눈, 얼굴
감전의 위험이 있는 작업	절연용 보호구	머리, 손
고열에 의한 화상 등의 위험이 있는 작업	방열복	몸
선창 등에서 분진(粉塵)이 심하게 발생하는 하역작업	방진마스크	호흡기
섭씨 영하 18℃ 이하인 급냉동 어창(수산물보관소, 창고)에서 하는 하역작업	방한모·방한복·방한화·방한장갑	몸

4.4 연마작업 비교

연마방식은 제품의 형태나 사이즈 및 특성에 따라 전해연마, 화학연마, 기계연마 등의 과정을 단일 혹은 연계작업으로 수행할 수 있다.

4.4.1 제품의 형태

제품의 형상이 단순한 구조일 경우 비용, 가공방법을 고려할 때 기계(물리)적 연마가 유리하다. 그러나 복잡한 구조일 경우에는 기계연마가 불가능할 수 있으며, 화학연마 혹은 전해연마를 고려하게 된다.

단순구조 : 기계연마 〉 전해연마=화학연마 복잡구조 : 화학연마 〉 전해연마 〉 기계연마

4.4.2 제품의 사이즈

연마의 대상이 되는 제품의 크기에 따라 효과적인 연마방식을 선택할 수 있으며, 작업현장을 충분히 고려하여 선택하기도 한다.

대형제품(1 m이상) : 전해연마 〉 기계연마 〉 화학연마 소형제품(1 cm이하) : 화학연마 〉 전해연마 〉 기계연마

4.4.3 제품의 특성

치수변화, 내식성, 불순물 및 가공변질층 발생 등 제품의 특성을 고려한 연마작업을 고려해야 할 경우도 있다.

- 치수변화 : 화학연마 〉 전해연마 〉 기계연마
- 내식성 : 전해연마 〉 화학연마 〉 기계연마
- 불순물 및 가공변질층 발생여부, 대량생산
  전해연마=화학연마 〉 기계연마

기계연마는 표면에 물리적인 힘을 가해 절삭, 변형, 마모 등의 연마를 수행하는 것으로 제품의 사이즈가 줄어들 수밖에 없기 때문에 제품을 원하는 크기보다 크게 제작한 후 기계연마를 실시한다. 화학연마 및 전해연마는 치수변화 제어가 가능하기 때문에 정밀 부품일 경우에는 화학연마를 선택하는 것이 좋다. 또한 부식의 발생이 우려되는 제품은 전해연마를 통해서 내식성을 확보하는 경우도 있다. 기계연마를 실시할 경우에는 불순물이 잔류하고 가공변질층도 발생할 수 있기 때문에 전해연마 또는 화학연마를 선택하기도 한다.

[표 4.18] 각 연마방법의 비교

	침전전해연마[EP]	화학연마[CP]	기계연마[Buffing]
평활도	◎	△	○
연마표면	(초)경면	광택 없음	광택
실효면적	극소(micro적 개선)	대	대
비부착성	◎	X	△
가공굴곡	없음	없음	있음
내식성	○	△	X

5장
탈지

5.1 탈지(Degreasing)

금속 등의 가공 처리 후 물체표면에 부착되어 있는 방청유, 압연유, 절삭유 등 유기물질과 금속가루, 연마재, 먼지 등의 무기물질을 금속표면에서 제거하는 과정이다. 알칼리 탈지는 화성처리 도장 및 도금하기 전에 사용하는 세정방법으로서 공업적으로 광범위하게 사용된다. 최근에는 금속재료, 성형가공 및 표면처리 기술의 발진에 기여하는 탈지제의 다품종화 및 탈지방법의 다양화로 발전하고 있고, 표면처리 피막에 대하여 고품질화의 요구와 함께 알칼리 탈지의 중요성은 증대되고 있다. 탈지조작이 불충분한 경우에는 다음과 같은 도금의 결함이 발생한다.

- 도금층의 밀착 불량
- 광택도금에 있이서 광택 불량
- 도금 면의 흠, 부풀음 등의 발생
- 도금의 취화(Brittle) 및 부식 발생

5.1.1 탈지의 메커니즘

알칼리 탈지가 되는 금속표면은 프레스가공, 절삭가공 등의 경우 윤활유 및 방청유가 도포되고 또 금속가루 등이 부착되어 있다고 볼 수 있다. 이들의 금속표면을 청정하게 하는 알칼리 탈지제의 기본성분은 알칼리빌더, 킬레이트제 및 계면활성제로 구성되고 〈그림 5.1〉과 같은 기구에 의하여 탈지된다.

〈그림 5-1〉 금속표면의 구조

(1) 알칼리빌더(Alkali-Builder)

알칼리빌더인 가성소다와 유지 지방산은 다음과 같이 검화반응하여 석검으로 되고, 기름을 유화, 분산하여 금속표면에서 부착유를 이탈시키게 된다.

빌더(Builder)란, 자신은 계면활성 작용을 가지지 않지만, 세제에 배합되면 세정력을 현저하게 증강하는 물질이다. 빌더의 작용에는 알칼리완충, 경도성분제거(연수화), 중금속 이온의 봉쇄(킬레이트 콤파운드), 미셀 증강제 등 한가지의 물질이 여러 작용을 가지기도 한다.

$$\underset{\text{(유분)}}{RCOOH} + \underset{\text{(알칼리)}}{NaOH} \longrightarrow \underset{\text{(비누)}}{RCOONa} + H_2O$$

$$\underset{\text{(지방산)}}{\begin{array}{c} RCOOCH_2 \\ | \\ RCOOCH \\ | \\ RCOOCH_2 \end{array}} + \underset{\text{(알칼리)}}{3NaOH} \longrightarrow \underset{\text{(비누)}}{3RCOONa} + \underset{\text{(글리세린)}}{\begin{array}{c} CH_2OH \\ | \\ CHOH \\ | \\ CH_2OH \end{array}}$$

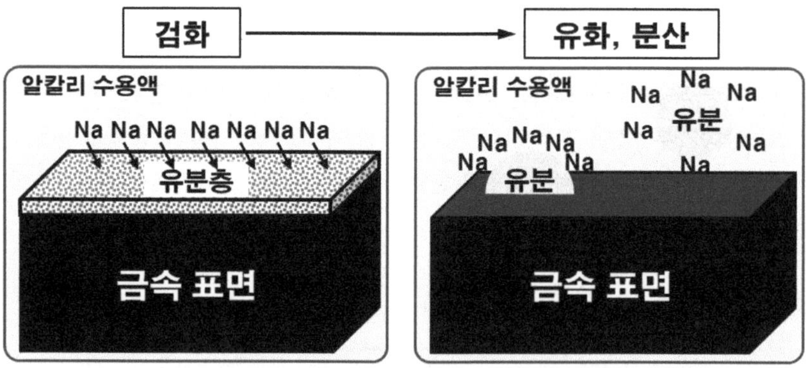

〈그림 5-2〉 알칼리 빌더의 침투

① 수산화나트륨(기성소다, Sodium hydroxide): 비누화 공정에 의해 오일 형태를 파괴시키는 강알칼리성 물질

② 메타규산나트륨(Sodium metasilcate): 제품의 알칼리도를 증가시키기 위해사용

③ 인산3나트륨(Trisodium phosphate): 콜로이드 용액화(peptisation) 공정에 의해 입자의 분산을 돕고 경수염으로부터 역효과에 맞서며 탈지제의 세정성을 크게 향상

④ 피로인산염(Pyrophisphate): 습윤 표면에서 매우 안정하며, 금속표면으로부터의 광유와 스머트 제거에 효과적임

⑤ 붕산염(Borates): 제품의 pH와 알칼리도를 줄이기 위해 특정한 탈지제 내에서 사용

⑥ 탄산나트륨(Sodiu, carbonate): 알칼리성을 더하기 위해 탈지제에 첨가

(2) 킬레이트제(Chelating agent)

킬레이트제는 트리폴리인산소다, 피로인산소다와 같이 금속이온과 킬레이트 화합물을 형성하여 금속비누를 가용화시킴으로서 경수를 연수화시킨다. 그 결과 알칼리빌더, 계면활성제의 유화, 분산작용을 조장하고 또 불용성 물질의 재부착을 방지한다. 금속이온봉쇄는 EDTA(Ethylenediaminetetraacetic acid)와 글루콘산나트륨(Sodium gluconate) 같은 다양한 유기 킬레이트제를 사용하여도 가능하지만 이러한 것들은 배출수 중에 존재가능한 중금속과 함께 착염을 형성하여 폐기 시 문제를 야기할 수 있다.

킬레이트제를 사용하지 않을 경우, 알칼리빌더의 Na이온 또는 K이온들 대신 전하가 큰 금속이온들이 달라붙어서 불용성 금속비누를 형성하여 표면에서 떨어지지 않고 탈지능력을 감소시킨다.

킬레이트제를 사용할 경우, 금속인과 결합력이 강한 트리폴리인산나트륨 또는 피로인산나트륨이 결합하여 본래의 알칼리빌더(B)의 역할이 감소하는 것을 방지하여 탈지효과를 유지 또는 증가시키는 역할을 한다.

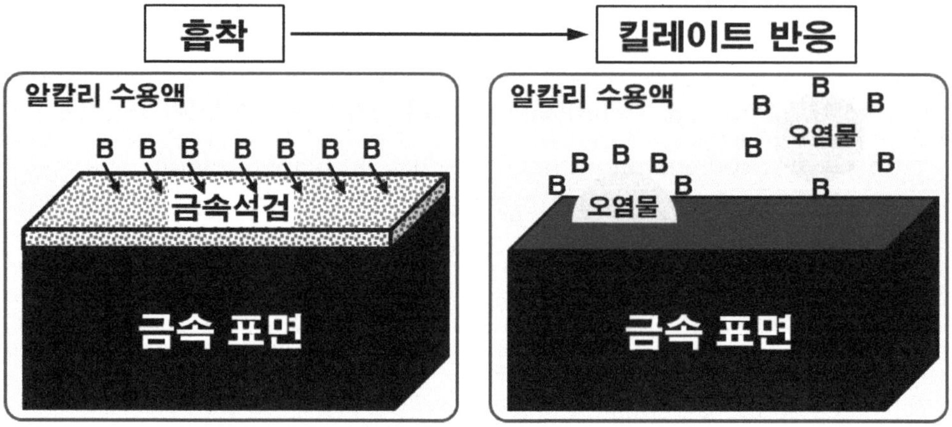

〈그림 5-3〉 킬레이트제의 가용화

(3) 계면활성제(Surfactant)

기름과 물은 섞이지 않지만 계면활성제가 존재하면 기름과 물은 섞이게(에멀션) 된다. 그 이유는 계면활성제의 구조가 친유기, 친수기를 동시에 갖고 있기 때문이다.

계면활성제(D), 예를들면 폴리옥사이드에틸렌은 부착유를 침투 가용화, 유화, 분산하여 금속표면에서 이탈시킨다.

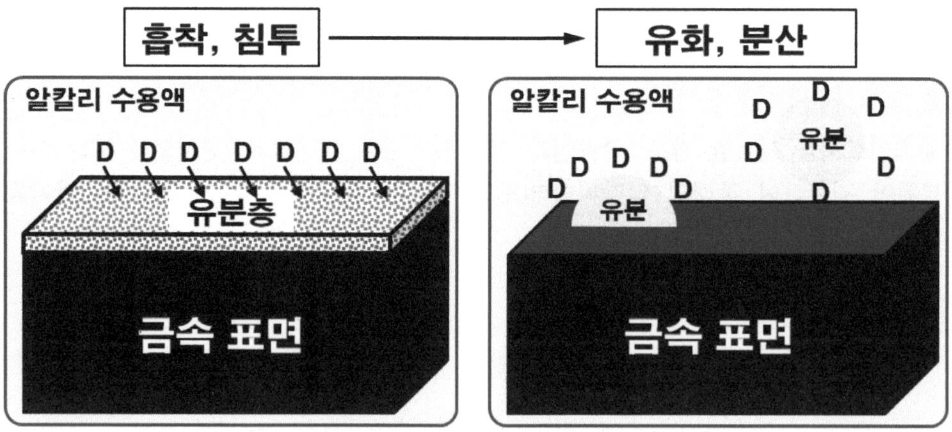

〈그림 5-4〉 계면활성제 가용화

5.1.2 탈지제

탈지제는 리스, 오일, 절삭유, 억제제, 취급 오염물, 지문 그리고 조립, 스탬핑, 기타 금속제작, 정제시설, 모터수리, 격납고 등 많은 용도에 오염물을 제거하도록 설계된 세척제이다.

(1) 운용변수

효과적인 금속표면의 탈지는 네 가지의 요소에 의존하게 된다.

- 처리시간, 온도, 탈지제의 농도, 물리적인 힘(분무 압력)

침지용 탈지제의 경우 시스템 내에 매우 작은 물리적인 에너지가 존재하지만, 온도, 시간 및 농도는 이것을 보상하기 위해 증가하는 것을 볼 수 있다. 따라서 대표적인 침지용 탈지제는 분무용 시스템보다 더욱 높은 온도, 농도와 시간에서 운용된다.

[표 5.1] 탈지제에 사용되는 원료특성

탈지제의 사용되는 각종 원료 특성				
분자식	세척력	부식성	수성(Ca)	침투력
Na_2CO_3	○	◎	△	△
$NaOH$	◎	◎	△	◎
$NaHCO_3$	△	△	△	△
$NaSiO_3$	◎	△	○	◎
Na_4SiO_4	◎	△	○	◎
Na_3PO_4	◎	○	◎	◎
Na_2HPO_4	○	○	◎	◎
$Na_4P_2O_7$	◎	△	◎	◎
$Na_5P_3O_{10}$	◎	△	◎	◎
계면활성제 1	◎	-	-	-
계면활성제 2	○	-	-	-
계면활성제 3	○	-	-	-
기포 조절제	-	-	-	-

(2) 알칼리 탈지제의 조건

알칼리 탈지제는 다음과 같은 조건을 구비하도록 다양한 종류를 배합하여 각각의 특징이 증가되도록 고안되고 있다.

① 유지를 용해함과 동시에 pH 9이상의 용액이어야 한다.

② 금속면 위에 부착한 겔상 고형물을 분산시키는 작용을 가져야 한다.

③ 부식성이 심하지 않아야 한다.

④ 표면장력이 낮고, 화학약품 및 열에 안정적이어야 한다.

⑤ 부식성이 심하지 않아야 한다.

⑥ 전도도가 높고, 저농도로 사용할 수 있어야 한다.

⑦ 수세가 양호하고 독성이 없어야 한다.

⑧ 알칼리 함유량이 지속적으로 유지되어야 한다.

(3) 탈지욕 수질 및 탈지액 갱신

탈지욕은 다음의 조건을 만족시키는 수질을 사용하여야 한다.

- 수소이온농도(pH) : 6.0~8.0
- 비저항치(Conduct) : 5,000 $\Omega \cdot cm$ 이상
- 증발 잔분 : 150 ppm 이하
- Cl^{-} : 20 ppm 이하
- SO_4^{-2} : 20 ppm 이하
- 전경도(Ca^{+2}) : 100 ppm 이하

탈지액의 갱신을 위해서는 다음을 고려해야 한다.

- 유분농도 3,000~20,000 ppm일 때 갱신한다(N-Hexane 유분 측정법)
- 현장 조건에서는 탈지시간 1.5배 증가시에 갱신한다.
- 정기적으로는 1~6개월에 1번 갱신하여 준다.

(4) 탈지력

탈지제는 탈지력을 고려해야 하는데, 알칼리빌더인 규산염, 인산염, 소다회, 수산화나트륨, 피로인산나트륨, 트리폴리인산나트륨 등은 원료성분을 적절히 배합하여 탈지력을 유지할 수 있어야 한다. 탈지력의 세기는 「인산염〉규산염〉소다회」의 순서이다.

(5) 탈지효과의 판정법

탈지된 금속표면의 청정도를 측정하는 방법으로 물퍼짐시험법, 동도금시험법, Spray피막시험법, 형광염료시험법, 잔존유중량시험법, 방사선 동위원소시험법 등이 개발시험되고 있다. 표면처리 공정에 있어서 탈지판정은 통상 물퍼짐시험법 등이 실행되고 있다. 이들의 특성은 피도물을 현장에서 직접 판정할 수 있다는 것이다.

(6) 처리방법

1) 침적법

침적법은 Bath하나로 쉽게 작업을 할 수 있기 때문에 옛부터 행하여 오고 있는 방법이다. 그러나 세정시간이 너무 길고 도장공정과의 관계로 교체가 요구되는 등 자동화 관점에서 보면 후술하는 Spray법이 더 좋은 면이 있다. 이 침적법은 작은 물건(못이나, 볼트, 넛트 등)의 대량처리나 반대로 대형구조물(자동차 차체등)의 처리에 적용되는 방법이다. 특히 자동차 공업에서는 도어(Door)내면 등의 내식성 개선면에서 Cation전착도장의 전처리가 Spray법에서 침적법으로 변화되고 있는 관계로 탈지 공정도 필연적으로 변화되고 있다. 이 때문에 세정시간의 단축이 요구되고 더욱이 액 수명의 장수화등의 대책과 함께 약품이나 설비의 양면에서 다음과 같은 방법이 취해지고 있다.

2) SPRAY법

Spray법은 크지 않은 처리물을 대량으로 도장하기 위한 전처리 방법으로서 특히 뛰어난 처리방법이며 In-line도장으로는 가장 넓게 행하고 있는 방법이다. Spray용 알칼리세정제는 단지 세정력을 향상시키는 것이 목적이며, 강알칼리성의 물질을 사용하고 적당한 저기포성 활성제를 배합해서 고온으로 처리하면 좋다. 그러나 현실에서는 도장성능을 고려한 인산염처리의 앞 세정이 되면 강알칼리 물질을 사용하는 것은 적합하지 않고, 고온이리고 생각히면 에너지 절약의 시점에서는 권할만한 것이 못 된다.

5.2 탈지방법

금속면에는 기름경유 등으로 만든 동식물유와 그리스, 파라핀 등과 같은 광물유가 있다.

도금의 준비작업으로 탈지는 가장 중요한 조작이며, 세부방법에 따라 용제탈지, 침지탈지, 전해탈지, 에멀젼탈지, 초음파탈지, 산성탈지 등이 있다.

[표 5.2] 탈지방법의 종류

탈지방법	주요내용
알칼리 침지탈지	알칼리액에 담근다. 주로 동 · 식물성유지의 제거에 유효하다.
초음파 이용 알칼리 침지탈지	초음파를 알칼리액 중에 방사해서 탈지효과를 향상시킨다.
알칼리 전해탈지 (양극전해)*	양극에 발생하는 산소가스에 의한 기계적 제거효과를 이용한다.
알칼리 전해탈지 (음극전해)*	음극에 발생하는 수소가스에 의한 기계적 제거효과를 이용한다.
알칼리 전해탈지 PR 전해*	예를 들어 양극 10초, 음극 10초로 교대하여 전해한다.
에멀젼 침지 탈지	용제를 에멀션으로 만든다. 광물유(鑛物油) 제거에 좋다.
배럴 알칼리 탈지	알칼리의 작용과 배럴의 기계적 작용을 병용한 것이다.
용제침지탈지**	유기용제(트리클로로에틸렌)에 침지한다. 주로 광물유의 제거에 효과가 있다.
용제증기탈지**	광물유의 제거에 좋다. 트리크롤에틸렌 증기 등을 이용한다.

주) * 우선 다른 방법으로 예비탈지를 하고, 마무리 탈지로 이것을 이용.
** 2조식(槽式) 또는 3조식, 이 두 가지 방법을 병용.

5.2.1 용제탈지(Solvent Degreasing)

유기용제(휘발유·석유·트리클로로 에틸렌 등)로 오염물을 용해 제거하는 방법이며, 도금 전처리로는 완벽하지 못하여 예비탈지에 속한다.

용제탈지는 광물유의 제거에 효과가 있으며, 용제 내 또는 용제의 증기 속에 제품을 침지하게 되면 유지가 용해되어 제거된다. 또한 이용제는 유지와 금속 사이로 침투하여 서로의 밀착력을 약하게 만들어 유지가 기계적으로 탈착되기도 한다.

- 트리클로로 에틸렌(C_2HCl_3) : 예비탈지로만 사용하며 세척력에 비해 독성이 적으며 용해도가 크고 휘발성이 크다.
- 카우리부탄올가(KBV가) : 유지분 용해력을 비교하는 방법의 하나이며 독성이 있다.(Kauri Buthanol Value)

[표 5.3] 용제탈지의 장·단점

장점	단점
• 탈지 후 용제가 빨리 증발하여 용제 찌꺼기를 남기지 않는다.	• 고체의 오물을 제거하기 어렵다. • 환경과 인체에 유해하다. • 금속 표면은 '습윤'상이 어려워 후공정이 인산염 피막일 경우 얼룩이 발생된다.

[표 5.4] 용제탈지 방법

No.	탈지방법	비고
A	실온의 용제에 침지한다.	거의 사용하지 않는다.
B	가열한 용제에 침지한다.	거의 사용하지 않는다.
C	용제의 증기가 침지한다.	많이 사용한다.
D	B-A-C	가장 많이 사용(3槽式)
E	A-C	많이 사용(2槽式)
F	B-C	많이 사용(2槽式)

주) A, B, C, D, E, F의 용제탱크를 사용하면 탈지효과가 향상된다.

위의 탈지법 중 용제의 증기에 침지하는 방법이 가장 많이 사용되고 있다. 용제 중에 가장 많이 사용하는 것은 트리클로로에틸렌(트리크랜이라고도 함), 퍼크로에틸렌(퍼크렌이라고도 함)으로, 최근에는 불연성이고, 용해력이 강하며, 인화성이 적은 트리크롤에탄도 현장에서 안전을 위해 사용하고 있다.

5.2.2 침지탈지(Alkaline Cleaning)

유지분을 「가성소다·탄산소다·인산소다·규산소다·시안화소다 등」의 알칼리로 수용성의 비누를 만드는 산화작용에 의해 오염물질을 제거하는 방법이며, 온도를 높여 반응속도를 크게 하고, 유화작용을 도모하기 위해 소량의 계면활성제를 첨가한다.

- 비누화(알칼리+스테아린산) : 물에 불용성인 기름이 수용성 비누로 변하며, 검화·습윤·침투·분산·유화작용으로 제거
- 탈지용 알칼리염과 pH(완충작용)
- 경수 봉쇄제 : 농축된 인산염은 경수 중의 Ca, Mg을 중화시켜서 탈지나 수세 때 전혀 문제가 없도록 해준다.
- 킬레이트 : 이온봉쇄-킬레이트제(chelating agent)
  트리폴리인산나트륨, 글루콘산나트륨, 피로인산소다와 같은 금속이온과 킬레이트화합물을 형성하여 금속비누를 가용화시킴으로써 경수를 연수화시킨다.
- 알칼리는 동·식물성 유지를 검화하여 유지를 물에 녹을 수 있는 비누와 글리세린으로 분해시킨다.

[표 5.5] 금속의 종류와 부식이 생기는 한계값

금속의 종류	부식이 생기는 pH
아연	10.0
알루미늄	10.0
주석	11.0
황동	11.5
철강	13.0(알칼리에는 거의 침식되지 않는다)

5.2.3 전해탈지(Electrolytic degreasing)

수용액에서 발생하는 산소와 수소가스에 의한 탈지방법으로 밀착력을 요구하는 전기도금에서는 필수 탈지방법이다.

* 양극전해탈지, 음극전해탈지, PR전해탈지

음극에서는 수소의 발생량이 양극의 산소의 발생량의 2배가 되므로 음극 전해탈지 방법이 효과적이나, 철강 제품에서는 수소취성이 생기기 쉽다. 양극의 경우에는 수소취성은 생기지 않으며, 액 중에 금속이온이 들어가 있어도 석출되지는 않는다.

PR전해(periodic reverse curret)는 음극 전해와 양극 전해의 장점을 동시에 이용한 것으로 가장 많이 사용되는 것이 음극 전해탈지 방법이다.

전해탈지액의 조성은 알칼리 침지탈지액의 조성과 비슷하다. 단, 계면활성제는 기포성이 큰 것을 사용하면 발시 중 수소가스 때문에 폭발할 우려가 있으므로 기포성이 적은 비이온계 활성제를 사용하도록 한다.

비이온계 활성제는 고온에서 액을 혼탁하게 만들므로 저온에서 사용할 필요가 있다.

철에 녹이 있고 그 위에 유지가 붙어 있는 것은 알칼리액에 시안화나트륨(청화소다)을 첨가하든가 시안화나트륨과 EDTA를 첨가한 액에서 PR전해를 하면 녹과 유지가 동시에 제거된다. 예를 들어 수산화나트륨 50, 탄산나트륨50, 시안화나트륨 20 g/L 액에서 액온 60℃, 전류밀도 $10A/dm^2$, 양극 10초, 음극 10초로 반복 전해하면 된다.

시안화나트륨은 녹을 제거하며, 철의 표면을 깨끗하게 하는 힘이 강하다.

〈그림 5-6〉 전해탈지 공정

[표 5.6] 전해탈지액의 조성과 전해조건

약품	철	구리 및 구리합금		아연, 알루미늄
수산화나트륨	75 g/L	1) 3 g/L	2) 5 g/L	-
제3인산나트륨	10 g/L	13 g/L	40 g/L	15 g/L
탄산나트륨	14 g/L	13 g/L	시안화나트륨	15 g/L
계면활성제	1 g/L	0.3 g/L	20 g/L	0.3 g/L
액온	80~90℃	60~70℃	60~80℃	60~70℃
전압	6 V	6 V	6 V	6 V
전류밀도	7~10 A/dm^2	3~4 A/dm^2 음극	5~10 A/dm^2	3~4 A/dm^2
기타	음극 또는 양극탈지	탈지 후 30초 음극으로 한다.	음극탈지	음극탈지 후 10초 양극으로 한다.

주) * 30초 양극으로 하는 것은 음극탈지 중에 생긴 피막을 용해·제거하고, 금속표면을 활성화시키기 위한 것이다.

5.2.4 에멀션탈지(Emulsion cleaning)

기름과 물이 혼합되도록 계면활성제를 첨가하여 유화시킨 액(유화제)으로 오염물질을 제거하는 방법이다.

5.2.5 초음파탈지(Ultrasonic cleaning)

물건을 탈지액(용제 또는 알칼리) 중에 침지하여 이것에 초음파의 진동을 주어 공동현상(Cavitation)에 의한 오염물질의 제거능력을 높인 방법으로 떨어지기 힘든 고형물이나 구석에 있는 더러움도 쉽게 떨어진다. 그러나 이 초음파장치는 가격이 비싸고 설계가 잘 되어 있지 않으면 충분한 효과를 얻을 수 없다.

5.2.6 산성탈지(Acid Picking)

탈지를 끝마친 제품은 소재에 많은 산화물과 스머트 등으로 오염되어 있기 때문에 이를 제거하기 위하여 산처리를 하게된다. 산처리는 도금전에 소재표면을 활성화하는 작업이므로 표면에 어떠한 잔유물도 남으면 안되는데 이는 밀착력과 관련되어 있다.

5.2.7 계면활성제(Surfactant)

액체, 고체 또는 기체가 서로 간의 맞닿은 경계면을 계면이라고 한다. 계면활성제는 이 경계를 완화 또는 혼합하는 역할을 한다. 고체분말을 물에 분산하여 복합도금도 할 수 있게 한다.

계면활성제는 친수성 부분과 친유성 부분을 모두 가지고 있는 물질로서 물과 기름의 경계면에 존재하여 두 물질을 서로 섞이게 한다.

계면활성제의 친유성(소수성) 부분은 기름과 잘 섞이고, 친수성 부분은 물과 잘 섞이기 때문에 결국에는 기름과 물의 경계가 모호해지고 서로 섞이게 되는 결과를 가져오게 된다.

- 비이온 계면활성제 : 계면활성 부분이 전하를 갖지않으나 Polar Group으로 된 계면활성제로 고급알코올과 고급지방산을 ester화 한 것이다. 수용액에서 이온으로 분해되지 않아 친수기가 양·음 전하를 전혀 띄지는 않지만 해리되지 않는 약한 친수기를 여러개 가지고 있다.
  - Polyglycol ether of fatty alcohol, Alkylphenol, Fatty acid 등

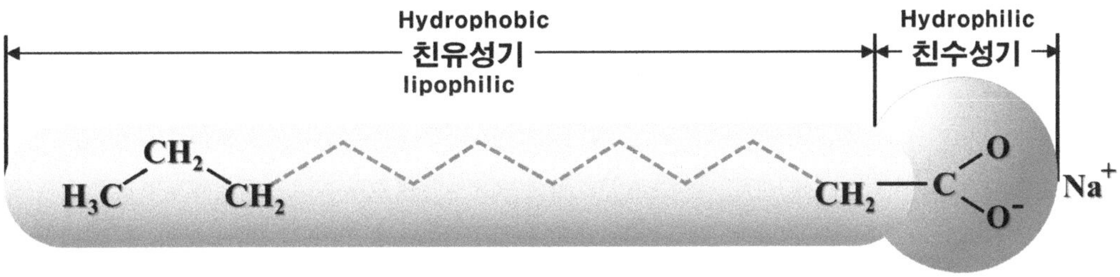

〈그림 5-7〉 계면활성제의 분자구조

- 양이온 계면활성제 : 계면활성부분이 물에 용해시 친수기가 양(+)의 전하를 띠는 계면활성제, 세재로 사용되는 대부분은 음이온 계면활성제이며, 양이온 계면활성제는 섬유유연제 등으로 주로 사용된다.
  - Quaternary Ammonium Slats, DDAC(디데실디메틸암모늄벤젠설폰산나트륨), CTAB(세트리모늄브로마이드), ABS(알킬벤젠설폰산나트륨) 등
- 음이온 계면활성제 : 물에 용해되었을 때 소수기에 붙어 있는 친수기가 음(-)의 전하를 띠는 계면활성제로 카복실산염 계로 비누의 주성분인 지방산 나트륨이나 설폰산염계로 합성세제에 많이 사용된다.
  - 알킬벤젠설폰산소다와 polyacrylamide, 라우릴황산소다(sodium lauryl, SLS sulfate/sodium dodecyl sulfate, SDS) 등이 있다.
  - 기포성, 세정력이 우수하며, 규산염과 혼합하여 침지탈지에 이용된다.
  - 동식물성유의 세정에는 유효하지만 광물성유는 비이온계보다 약하다.
  - 장시간 침지하면 강한 피막이 생겨서 산과 알칼리 어느쪽에도 쉽게 분리되지 않는다.
  - 물질에 침투 후 쉽게 빠져나온다.
  - 광범위하며 가장 많이 사용되고 저렴하다.
- 양성이온 계면활성제 : 계면활성제가 pH 등에 따라 양(+) 또는 음(-)의 전하를 가지는 계면활성제로 친수기가 양이온과 음이온으로 해리되는 부분을 가지고 있어서 알칼리성 용액에서는 음이온으로, 산성용액에서는 양이온으로 작용한다.
  - Alkylbetaines($R-N^{+}(CH_3)_2CH_2COO^{-}$)
  - Sufobentains($R-N^{+}(CH_2)_nSO_3^{-}$

5.3 소재별 탈지과정

5.3.1 저탄소강의 전처리

탄소 함류량이 0.35% 이하인 탄소강의 녹, 스케일, 유성 오염물을 제거할 경우에는 일반적으로 다음과 같은 전처리를 한다.

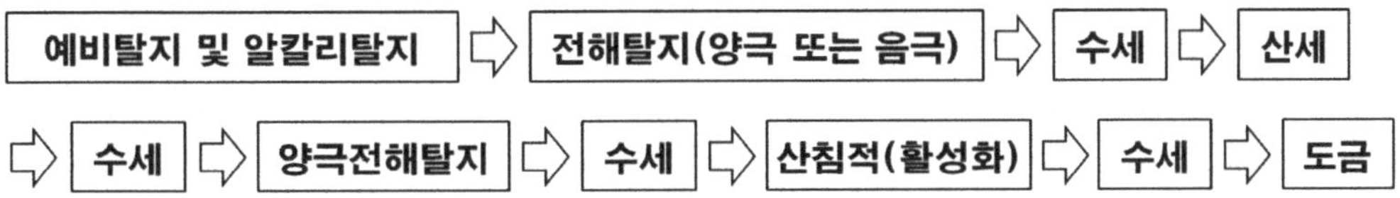

〈그림 5-8〉 저탄소강의 전처리 공정도

5.3.2 주철의 전처리

주철은 고탄소강과 마찬가지로 수소취화를 일으키기 쉬우며, 전처리도 고탄소강과 비슷하다.

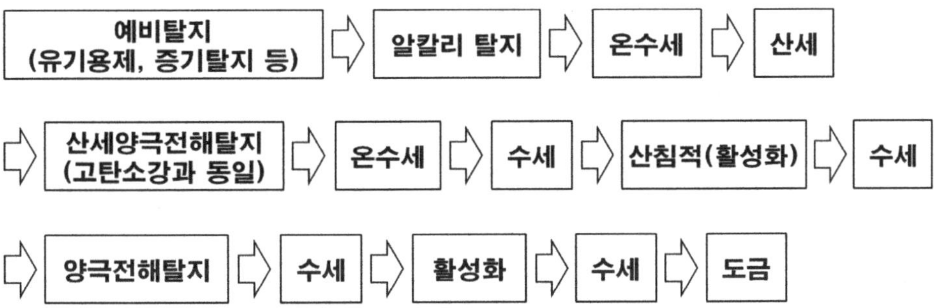

〈그림 5-9〉 주철의 전처리 공정도

* 산침적 : 20% 용량의 염산 또는 5~10%의 황산에 상온에서 15초 이내 침적한다. 또 주물사를 제거하는 경우에는 20~25%의 황산에 침적하든가, 황산 125 ml/L + 불산 125 ml/L의 용액으로 처리.

5.3.3 스테인리스강의 전처리

스테인리스강의 표면은 엷고 탄소강보다 Cr 등에 의해 산회되기 더 쉬워 강인한 산화피막이 존재하여 보통의 산처리 및 활성화처리만으로는 밀착이 양호한 도금이 되지 않는다. 그로인해 이 피막을 제거한 후 바로 도금해야 한다. 스케일이 전혀 없는 경우는 철강화 마찬가지로 [예비탈지→수세→전해탈지(양극 또는 음극)→수세→활성화→수세→스트라이크니켈도금]의 공정을 취하면 되지만, 스케일이 심한 스테인리스강을 도금하는 경우에는 다음과 같이 스케일을 제거한 후에 도금을 하여야 한다.

(1) 기계적 제거

페라이트계 및 마르텐사이트계의 스테인리스강은 산세가 곤란하므로 샌드블라스트(Sand blast)에 의하여 제거한다.

(2) 산세

Cr계 스테인리스강에 산세에 주로 황산을 이용한다. 8~10% 용량의 황산에 10~15% 용량의 염산을 넣은 후 50~70℃, 10~90분간 침적처리(염산은 다소 낮은 온도에서 처리시간을 길게 한다)하고, 6~10% 용량의 질산 +1.5% 용량의 불산 용액 중의 상온에서 10~30분간 침적처리를 한다. 오스테나이트계의 스테인리스강은 60~90%에서 단시간 처리한다. 고탄소강에 있어서 산세 후 스머트가 많을 때에는 청화소오다 25~45 g/L 액 중에서 전류밀도 1.5~2.0 A/dm^2로 0.5~1분간 전해처리한다. 이 액에 글루콘산나트롬, 가성소오다, EDTA 등을 첨가해도 좋다.

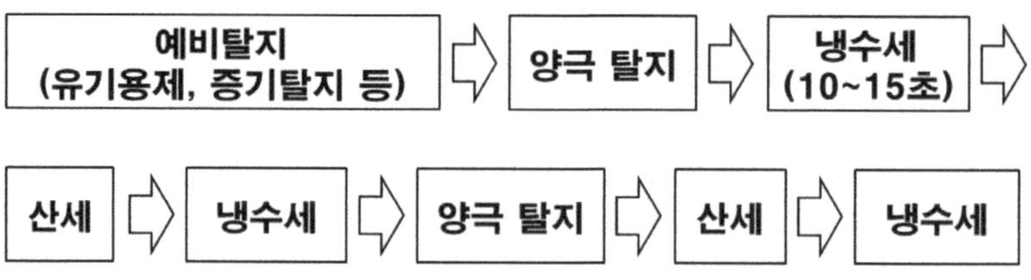

〈그림 5-10〉 스테인리스강의 산세 공정도.

* 양지탈지 : 알칼리 액 중에서 90~100℃, 5~10 A/dm^2, 1~2분간 처리
알칼리 액으로서는 탄산소오다 30~50 g/L, 가성소오다 30 g/L의 것을 사용.

5.3.4 구리 및 구리합금의 전처리

주조, 풀림 처리한 동 및 동합금의 스케일은 에머리 연마, 샌드블라스트 등의 기계적 처리 및 산세, 침적 등의 화학적 방법에 의하여 제거한다. 산세 및 광택 침적의 액 조성과 처리조건은 다음과 같다.

(1) 벨리륨을 포함하지 않는 구리합금

10~40% 용량의 황산 중에 80℃에서 10분 이상 처리한다.

(2) 베릴륨 구리

60~70 용량의 황산에서 45℃, 3~10분간 침적처리한다.

(3) 광택침지

- 황산 2 L, 질산 1 L, 염산 10~20 ml/L, 물 1.5 L
- 황산 60~75% 용량
  질산 70~30% 용량
  염산 2~3 cc/L
  물 5~10%

6장

비전도성소재 전처리

6.1 비전도성 소재

비전도성 소재의 전처리에 대한 목적은 전기도금을 할 수 있는 금속피막(박막)을 만드는 것으로 전도성이 없는 표면을 금속화된 표면으로 바꾸어 원하는 금속을 도금하는데 있다.

플라스틱은 비전도성 절연체이므로 일반 전기도금공정 사양에 따라 플라스틱 표면에 직접 코팅을 할 수 없다. 플라스틱의 금속화 공정의 전처리를 통해서 전기도금을 한 후에는 경량, 내식성 및 성형 용이성의 특성을 유지할뿐만 아니라 금속에 전기전도성, 장식성, 자기전도성, 용접성 등을 부여한다. 따라서 플라스틱 도금 제품은 항공기, 로켓, 선박, 자동차, 작은 컵, 안경 등 광범위하게 사용되고 있다.

6.1.1 플라스틱

플라스틱 전기도금 제품은 금속제품에 비해 경량화나 저비용을 실현할 수 있으며, 복잡한 형상 구현이 가능하기 때문에 디자인에 어려움이 없다. 크로뮴산-황산의 혼산으로 아크릴로니트릴-부타디엔스티렌(ABS) 수지를 처리하면 밀착성이 양호한 플라스틱 도금이 가능하다.

플라스틱 자체는 전도성이 없기때문에 복잡한 조작과 많은 약품을 필요로 하는 화학도금이나 전기도금을 하여야 한다. 먼저 화학적인 도금을 플라스틱 표면에 처리하여 금속피막을 형성하고, 그 위에 전기도금을 두껍게 하는 것이 일반적이다. 그러나 플라스틱과 도금피막에는 밀착력이 없고 도금피막의 내부응력으로 인해 쉽게 박리가 되고 도금막이 부풀어 오른다. 이 때문에 에칭 공정이 필요하게 된다. 플라스틱의 도금 공정은 다음과 같다.

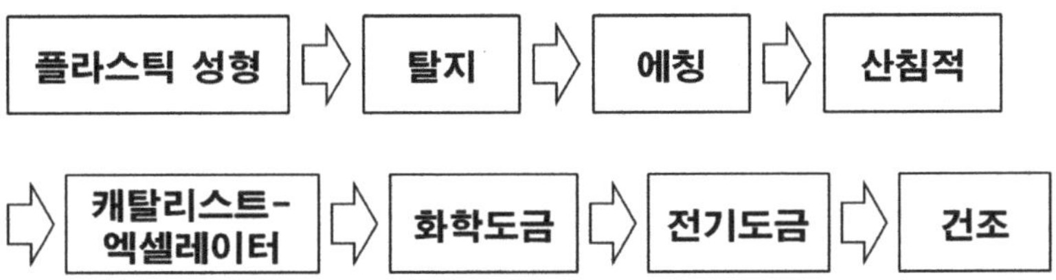

〈그림 6-1〉 플라스틱의 도금공정

(1) 세정공정

성형품에 부착한 먼지와 유지 등을 제거하고 사출에서 발생한 정전기, 잔류응력 을 제거한다. 표면에 친수성을 부여하여 수지의 표면장력을 낮춰 에어포켓을 방 지하고, 에칭의 균일화와 에칭액의 젖음성을 촉진시킨다.

(2) 에칭처리

도금의 밀착성과 외관(표면 광택) 품질을 좌우하는 가장 중요한 공정 플라스틱 종류에 따라 충분한 사전 검토가 요구된다. 일반적으로 진한 황산과 크로뮴산이 주성분으로 되어 있는 에칭액을 사용한다. ABS 수지의 경우 에칭액에 장시간 처리하면 앵커 효과가 사라져 밀착력이 오히려 나빠지는 경우가 발생한다. 에칭액은 비중이 크고 균일하게 혼합되기 어려워 탱크조의 크기, 높이에 따라 온도 편차가 나타날 수 있으므로 주의해야 한다.

(3) 중화처리(산침적 또는 산 담금)

플라스틱 표면에 잔존하는 에칭액 제거 및 활성화를 위해 실시한다. 에칭된 제 품은 미세한 기공이 많아 에칭 후 충분히 수세를 하여도 부족한 경우가 있다. 따라서 중화처리나 크로뮴 제거 처리를 별도로 해주는 것이 좋다.

(4) 활성화

화학도금의 촉매로 사용되는 팔라듐을 플라스틱에 부착하는 공정으로, 주석-팔 라듐 혼합 캐탈리스트(촉매제)를 사용한다. 수세 후 5~10배 용량%의 황산 또는 염산의 엑셀레이터 액 또는 알칼리 용액에 침적한다.

(5) 캐탈리스트

촉매활성화와 감수성 처리를 동시에 할 수 있도록 만든 촉매제는 팔라듐과 주석이온(Sn^{2+})을 염소이온으로 결합한 콜로이드분자의 처리액으로 콜로이드 안정화를 위해 염산 용액으로 제조된다. 일반적으로 ABS수지는 프린트 기판처럼 낮 은 산농도의 캐탈리스트를 사용하지 않으며, 염화주석 농도는 염화팔라듐의 80~120배가 적당하다.

(6) 엑셀레이터

흡착된 콜로이드의 주석을 제거하고 팔라듐을 단독으로 활성화시키는 공정으로 일반적으로 5~10배 용량%의 황산 또는 염산을 사용한다.

- 염산 : 염산 80~120 ml/L, 온도 30~40°C, 시간 1~3분
- 황산 : 황산 90~180 g/L, 온도 40~60°C, 시간 1~3분

산농도와 온도가 높고, 시간이 길수록 엑셀레이터의 거동이 강해진다. 이때 너무 강한 거동이 나타나면 부착된 팔라듐이 이탈되어 미도금이 발생할 수 있다. 엑셀레이터는 통상 수일~2주간 사용하고 갱신하는 것이 좋으며, 혼입된 양이 많을수록 노화가 빨라진다.

(7) 화학도금(무전해 도금)

화학도금은 구리도금과 니켈도금(약 알칼리성)이 있으며, ABS수지는 두 가지 모두 사용할 수 있다. 다른 플라스틱에는 니켈도금이 더 용이하게 많이 사용되고 있다.

- 니켈도금 : 도금의 하지/상도 도금으로 ABS, ABS+PC 등에 도금

(8) 전기도금

플라스틱 표면에 금속 피막을 형성시킨 후 원하는 사양에 맞게 전기도금을 실시한다. 일반적으로 자동차부품은 내식성을 향상시키기 위해 도금막의 두께가 두껍지만, 외관을 중요시하는 가전제품은 5~15 μm 정도로 얇다. 가전제품은 황산 구리도금이나 반광택 니켈도금을 하지 않은 경우도 많으며, 크로뮴 도금을 포함 한 각종 여러도금을 하거나 금도금, 새틴도금 등을 하기도 한다.

(9) 플라스틱 재료의 도금검사

플라스틱 도금 시험검사는 소재(성형품)의 검사, 도금외관 검사, 밀착검사, 내식성 시험 등이 있다.

- 소재검사 : 홈, 표면거칠기, 휭/변형, Weld Mark, 내부응력
- 도금외관검사 : 광택, 홈(Scratch), PIT, 부풀음, 거칠음 SKIP

- 밀착시험 : Cross Cut Type 시험, Heat Cycle 시험, 열축격시험, 연마시험, 구부림 시험(Bending test), 내식성 시험(Corrosion test), 습도시험(Humidity test)

6.1.2 세라믹 재료

대부분 금속 산화물로 되어 있으며, 고절연성, 강유전성, 고내열성, 고내식성을 가지며, 내화성이 우수하여 전자부품 분야에 많이 적용되고 있다. 그로인해 도금이 요구된다. 세라믹의 도금 공정은 플라스틱 도금과 같이 표면을 활성화하는 공정이 필요하며, 표면에 에칭이나 에칭에 준하는 처리를 할 경우 알맞은 요철(凹凸)이 형성되어 밀착력 있는 도금이 가능해진다.

[표 6.1] 세라믹의 종류와 용도

기능	재료	뉴세라믹스	용도
전기적 기능	절연재료	Al_2O_3, BeO, $2MgO \cdot Al_2O_3$, $MgO \cdot Al_2O_3$	IC 기판, package, 회로기판
	유전재료	$BaTiO_3$, $Bi_2O_3 \cdot 3SnO_2$	세라믹 콘덴서
	압전재료	$Pb(Zr, Ti)O_3$, SiO_2	발진자, 착화소자, 휠터
	반도체 재료	$BaTiO_3$, YLa, Si, SiC, $ZnO \cdot BaTiO_3$, SnO_2	서미스터, 고온용 발열체, 바리스터, 가스센서
자기적 기능	페라이트	$\gamma - Fe_2O$, $SrO \cdot 6Fe_2O_3$, $(Mn - Zn)Fe_2O_3$	자석, 자기헤드
기계적 기능	절식+재료	Al_2O_3, TiN, TiC, B_4C	연마제, 세라믹공구
	내마모재	Al_2O_3	공구, 옥석
	내열재료	SiO, Si_3N_4, Al_2O_3	세라믹 엔진

화학적 기능	담체재료	SiO_2, Al_2O_3	촉매담체
	촉매재료	$SnO_2 \cdot Sb_2O_3$, Cr_2O_3, $K_2O \cdot Fe_2O_3$	온도센서
	생체재료	Al_2O_3, $Ca_{10}(F, Cl)P_3O_8$, $Ca_{10}(PO_4)_6(OH)_2$	인공뼈, 인공치아, 인공관절
광학적 기능	도광재료	SiO_2	광섬유
	전기재료	$PLZT$	광메모리 소자
	레이져	Y_2O_3, ThO_2	레이저 발진 재료
	투광재료	Al_2O_3, SnO_2, In_2O_3	고압나트륨램프, 가시광선 투과, 적외선 반사

6.1.3 유리재료

유리재료는 부드러운 표면을 가지며, 디바이스 공정을 간단히 할 수 있고, 단가가 낮아 다양한 분야에 적용이 가능하다. 많은 종류의 유리들은 디스플레이, 광섬유와 같이 전자 분야에 널리 사용되고 있다.

(1) 은경법

거울을 만들 때 이용하는 방법으로 은(Ag)의 환원제 종류에 따라 다음과 같이 분류한다.

- 롯셀염($KNaC_4H_4O_6 \cdot 4H_2O$)을 환원제로 하는 방법
- 포도당을 환원제로 하는 방법
- 포르말린을 환원제로 하는 방법

(2) 기능도금

유리상에 전극이나 회로 형성 등의 기능적인 용도로 사용되는 도금은 밀착력이 강한 피막의 형성이 요구된다. 피막의 밀착력을 강화시키기 위해서는 유리를 에칭하여 앵커효과를 부여하거나 유리에 촉매금속을 함유한 페이스트를 인쇄 후 소성하여야 한다.

1) 에칭법

에칭액(농질산 100~300 ml/L + 불화수소산(55%) 100~300 ml/L), 실온, 5~10분간 침적 이후 공정은 ABS 공정의 캐탈리스트-엑셀레이터 방법과 동일

2) 프린트법

촉매 함유 페이스트 인쇄(0.01~10% 팔라듐 함유), 소성(550~600°C), 활성화(5~10%염산, 실온, 30초 처리), 수세, 화학도금

6.2 비전도성 소재용 전처리 용액

6.2.1 플라스틱상의 전처리 용액조성

(1) ABS의 도금

ABS수지는 아크릴로니트릴(A)·부타디엔(B)·스티렌(S)의 세 가지 성분으로 이루어진 수지로 아크릴로니트릴과 스티렌의 공중합체의 연속적인 상에 부타디엔입자가 분산된 구조로 ABS tert-폴리머(3원공중합체)라고도 한다. 일반적인 ABS 수지의 성분은 A 25~30%, B 25~30%, S 40~50%로, 에칭이 쉬워 도금 공정에 적합하다. 크로뮴산-황산의 혼합액에서 에칭을 하면 부타디엔 고무입자가 우선적으로 용출하고 0.2~2 ㎛의 구멍이 발생되는데 미세한 구멍이므로 외관도 양호한 도금이 가능하다.

공정명	조건	
정면세정	계면활성제	0.1 ~ 1ml/L
	황산(98%)	5 ~30%
	온도	50 ~ 60℃
	시간	5분 이상

⬇

에칭	무수크로뮴산	350 ~ 450ml/L
	황산	330 ~440ml/L
	3가 크로뮴	3 ~ 15ml/L
	온도	50 ~ 60℃
	시간	5 ~ 15분

⬇

중화	염산(35%)	50 ~ 100ml/L
	온도	상온
	시간	1 ~ 5분

⬇

공정명	조건	
산침적	염산(35%)	50~ 100ml/L
	온도	상온
	시간	30초

⬇

캐탈리스트	염화팔라듐	1 ~ 2ml/L
	염화주석	50 ~ 120ml/L
	염산	200 ~ 250ml/L
	온도	50 ~ 60℃
	시간	1 ~ 3분

⬇

엑셀레이터	염산(35%)	80~120ml/L
	온도	30 ~ 40℃
	시간	1 ~ 3분

⬇

화학도금	일반 조건

〈그림 6-2〉 ABS수지 도금공정

(2) ABS수지 외의 플라스틱

1) 변성 PPO(Modifide polyphenylene oxide, MPPO, 노릴 수지)

노릴은 PPO(폴리페닐렌 옥사이드)를 변성시켜 성형성을 개선한 것으로, 도금 밀착성이 높지않다. 변질은 애칭액 중에 황산농도가 높을수록 잘 일어나며, 동시에 표면에 크로뮴산화합물이 발생 흡착하여 이것을 제거해야만 도금이 가능하다.

공정명	조건	
정면세정	계면활성제	0.1 ~ 1ml/L
	황산(98%)	5 ~30%
	온도	50 ~ 60℃
	시간	5분 이상
↓		
제1에칭	무수크로뮴산	350 ~ 450ml/L
	황산	360ml/L
	온도	50 ~ 60℃
	시간	5 ~ 10분
↓		
제2에칭	무수크롬뮴산	50 ~ 100ml/L
	황산(98%)	45ml/L
	온도	상온
	시간	1 ~ 5분
↓		

공정명	조건	
산침적	염산(35%)	50~ 100ml/L
	온도	상온
	시간	30초
↓		
캐탈리스트	ABS 동일	
↓		
엑셀레이터	ABS 동일	
↓		
화학도금	일반 조건	

〈그림 6-3〉 변성PPO수지 도금공정

2) 폴리아미드(나일론) 수지(Polyamide resin, PA)

도금용 그레이드는 6나일론으로 내열성을 요구하는 호일커버, 캡 등에 사용되고 있으며, 66나일론의 도금용 그레이드도 있다.

나일론은 친수성의 아미드를 갖고 있기때문에 흡수성이 높아 성형부터 도금할 때까지의 보존에 주의하여야 한다.(수분이 2%이하 일 것)

현재 에칭액은 염산을 주로 사용하는 것이 많으며, 에칭 후 ABS수지 보다 큰 요철이 얻어진다. 활성화 공정은 캐탈리스트-엑셀레이터법과 센시타이징-애티베이션법 두 가지 모두 사용할 수 있다.

캐탈리스트-엑셀레이터법은 ABS와 달리 나일론이 염산에 침적되기 때문에 캐탈리스트는 저염산 타입의 것을 사용하는 편이 좋지만, 화학도금의 반응성이 나쁘기 때문에 알카리성의 포스트 엑셀레이터를 통해 화학도금 처리할 필요가 있다. 센시타이징-애티베이션법은 균일 전착성이 나쁘다.

화학도금액은 구리나 니켈 등이 사용될 수 있으며 알칼리에 침해받은 나일론 특성상 화학니켈도금 쪽이 외관이 더 좋다.

공정명	조건	
용제세정	알콜~NMP	
⬇		
에칭	농염산	190 ~ 210ml/L
	시판 에칭첨가제	180~300ml/L
	온도	30 ~ 40℃
	시간	20분
⬇		
포스트에칭	염산	190 ~ 210ml/L
	온도	20 ~ 30℃
	시간	1 ~ 2분
⬇		

공정명	조건	
희수	농염산	40 ~ 60ml/L
	온도	20 ~ 30℃
	시간	1 ~ 2문
⬇		
캐탈리스트	염화팔라듐	0.2ml/L
	염산(35%)	200ml/L
	온도	30℃
	시간	4분
⬇		
엑셀레이터	염산(35%)	200ml/L
	온도	30℃
	시간	5분
⬇		
화학도금	일반 조건	

〈그림 6-4〉 폴리아세탈 수지 도금공정

3) 폴리카보네이트 수지(Polycarbonate resin, PC)

폴리카보네이트 수지는 충격강도, 내열성이 크고, 저온특성이 양호하다.

도금 전처리는 노릴계와 비슷하나 폴리카보네이트 수지에는 프리 에칭이라는 유기용매 에칭공정이 추가적으로 더 필요하다. 세정 공정은 특별히 실시하지 않는다.

공정명	조건	
프리에칭	디메칠 포름 아미드	
		80%
	온도	40 ~ 50℃
	시간	5 ~ 10분

⬇

공정명	조건	
에칭	무수크로뮴산	포화
	황산(98%)	1100g/L
	온도	70 ~ 75℃
	시간	10 ~ 25분

〈그림 6-5〉 폴리카보네이트 수지 도금공정

6.2.2 세라믹상의 전처리 조성

세라믹스는 콘덴서나 IC기판, 회로기판, 각종 센서, 광파이버, 인공관절 등 전기적, 자기적, 기계적, 화학적, 광학적 기능을 발휘하는 첨단 기술이다.

유리나 도자기, 타일도 넓은 의미에서는 세라믹스 그룹이다. 세라믹스의 대부분은 금속산화물이며, 주성분인 정제된 산화물의 미립자 분말에 점결제인 가소제나 충전제를 첨가하고, 소성·소결하여 제조된다.

세라믹은 고온에서 열처리하여 만든 비금속의 무기질 고체를 말하며, 강유전성·고절연성·내식성·안정성 등이 우수하며, 특히 내화성이 우수하여 전자부품 제조공정에 이용하며 대부분 도금을 필요로 한다.

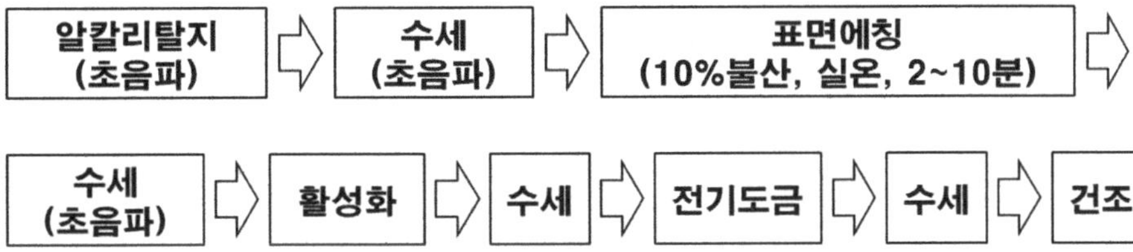

〈그림 6-6〉 세라믹 소재의 도금공정

첨단 분야의 세라믹스는 도금에 의해 부품특성을 부여하고 있다.

세라믹스의 성분이 각각 다르고 에칭상태도 변해간다. 플라스틱 전처리도 뛰어난 밀착성을 실현하기 위해서는 최적의 에칭용액과 조건이 선택되지 않으면 안 된다. 안정한 에칭조건 유지여부의 확인과 무전해 도금의 수십 ㎚초기 석출피막의 치밀화와 균일화를 이룰 필요가 있다.

알루미나는 화학적으로 안정하고, 산에도 알칼리에도 침해당하지 않는 것으로 인식되어 있다. 그러나 불화수소산에 극히 미미하게 침식되거나 고농도 알칼리에 침식되고 있다.

통상 금속화 세라믹은 촉매기능이 없어 표면을 활성화하는 특별한 공정이 필요하다. 전기도금이 필요한 경우 전기접점을 갖기위하여 유리부분에 프리에칭이 필요한 경우도 있다. 세라믹 표면의 밀착성은 다공성으로 도금 후 밀착성을 좋게한다.

(1) 알루미나(Al_2O_3)

알루미나 기판의 에칭처리에는 알루미나 입자간의 성분이 약간씩 침식되지만 거의 에칭되지 않는다. 그러나 에칭처리에 의해 균일한 활성화가 이뤄지며 도금의 밀착성에 효과가 있다.

[표 6.2] 알루미나 전처리

	조성	온도(℃)	시간(분)
TYPE 1	불화수소산 120 ml/L 농황산 120 ml/L 무수크로뮴산 60 g/L	30	5 ~ 10
TYPE 2	불화소산 300 ml/L 질산 20 ml/L	실온	5 ~ 10

(2) 티탄산(타이타늄산)바륨($BaTiO_3$)

타이타늄산바륨계 세라믹은 산에 침식되기 쉬우므로 전기적 특성치에 변화를 주지 않는 정도의 마일드한 에칭 조건을 선택해야 한다.

[표 6.3] 티탄산바륨 전처리

	조성	온도(℃)	시간(분)
TYPE 1	불화수소산 1~10 ml/L	실온	1 ~ 30
TYPE 2	불화소산 1~30 ml/L 질산 3~ 50 ml/L	실온	1 ~ 30

(3) 페라이트계

페라이트계는 스마트제거를 목적으로 다음과 같은 처리를 한 후 수세를 행한다.

[표 6.4] 페라이트계 전처리

	조성	온도(℃)	시간(분)
TYPE 1	염산 50%	실온~ 50	30초 ~3
TYPE 2	염산 100 ml/L	실온	1 ~ 5

7장

표면상태 검사

제품표면의 산화피막제거, 연마 및 탈지상태를 확인할 수 있어야 한다.

세정은 제품의 품질, 성능, 기능 향상 등의 문제를 예방하기 위해 필요한 작업으로 세정된 표면의 청정도를 판단하기 위해서 다수의 평가방법이 제시되고 있지만 아직까지 객관적인 연구가 미흡한 실정으로 표준화된 방법은 없다. 그러므로 오염물의 종류, 장소 등을 고려하여 가장 합리적인 평가 방법을 선택하는 것이 중요하다.

7.1 현장 판단법

7.1.1 육안 관찰법

청정된 표면을 육안 또는 현미경을 이용하여 표면에 잔존해 있는 오염의 정도 또는 청정 상태를 평가하는 방법이다. 특별한 장치를 필요로 하지 않으며, 신속하고 비파괴로 청정도를 판단할 수 있어 넓은 범위에 이용되고 있지만, 검사자의 숙련도가 필요하고 일반적으로 정량성이 부족하며, 오염의 종류나 표면 상태에 따라 정확한 세정도 판단에는 한계가 있다. 광학현미경 중 편광현미경과 위상차현미경은 고체오염의 검출에 유력한 수단으로 넓은 분야에 이용되고 있다.

7.1.2 닦는 법

세정을 한 면을 포 등으로 닦아 포의 오염상태를 통해 탈지 후 청정상태를 평가하는 방법으로, 백포(보풀이 거의 없는 깨끗한 것) 또는 종이로 청정된 한 면의 일부분을 강하게 닦고, 그 후 같은 면적의 다른 부분을 흑포로 닦는다. 닦아낸 백포나 종이 흑포의 부착물을 육안으로 보고 청정도를 평가한다.

7.1.3 수절성법(물젖음성)

청정한 면을 물에 침적하고 물방울을 떨어뜨려 표면에 부착된 물의 상태에 의해 탈지 후 청정 상태를 평가하는 방법으로, 청정제에 알칼리를 사용한 경우 물에 침적하기 전 염산에 침적하는 것이 좋으며, 이 경우에 확실히 물로 세척을 해야 한다. 침적하여 꺼낸 후 청정된 면을 수직으로 하고 10초간 방치하여 물방울을 떨어뜨려 표면에 부착한 물의 상태에 의해 청정도를 평가한다. 수막으로 덮인 부분은 청정하다는 것을 의미하며, 수막이 부착되지 않은 부분은 유성의 오염 있다는 것을 의미한다.

7.1.4 스프레이 패턴 법

건조한 시편의 청정된 표면에 물을 분무하여 수막을 만들어 물이 튄 상태를 이용하여 판단하는 것으로 탈지 후의 청정도를 평가하는 방법이다. 청정도 지수(CI, Cleaning index)는 이 방법에 의한 측정치로 향수 분무기 등도 이용될 수 있다. 단, 분무기의 용량, 제품과의 거리, 분무 횟수 등은 일정하여야 한다.

시편 표면이 깨끗할 경우 미립자상의 물방울은 넓게 확장되고, 표면에 균일하게 흐르게 된다.

7.1.5 스팀시험법

고체 표면에 스팀을 가하여 표면에 수증기를 응축시킨 후 꺼내어, 그 표면에서 수증기를 증발시킬 때 수증기의 부착상태로 청정상태를 판단하는 방법이다. 스팀시험은 표면의 상태를 5개 단계로 나누어 평가한다.

[표 7.1] 스팀시험법

결과	접촉각	오염도(AES)
1. 수증기의 부착해 있는 테두리가 상당히 깨끗	4°	〈0.1 단분자막
2. 수증기가 응축된 때의 테두리가 균일, 표면에 부착해 있는 수증기가 증발한 뒤에 불균일	4°	〈0.1 단분자막

3. 수증기가 응축할 때 테두리는 불균일	4°	≦0.1단분자막
4. 물방울이 존재하고 유자(柚子)표면	5~10°	0.1~1 단분자막
5. 작은 물방울이 무수히 존재한다.	〉10°	〉1 단분자막

7.1.6 노광 시험법

잔존하는 기름 성분을 착색하여 판단하는 방법으로 동ㆍ식물유에 소량의 유성노광염료(Fluorescent oil green) 등을 첨가하여 자외선 아래에서 노광을 시키는 것이 가능하다. 이러한 기름의 노광은 금속면에 부착한 기름의 양에 비례하고, 청정한 금속면은 자외선 아래에서는 검게 보이므로 사진 촬영이 가능하다.

7.1.7 황산구리법

철강 제품을 평가하기 위해 사용되는 방법으로 청정된 철강 면을 산성 황산구리수용액 중에 침적하고 석출하여 구리 피막의 부착 상태에 의해 판단한다. 주로 탈지 후의 청정상태를 평가하기위한 방법으로 내산성 재질로 된 용기가 이용된다.

7.1.8 발청 시험법

유공도 시험과 비슷한 방법으로, 페로시안화칼륨과 염화나트륨으로 조성된 용액을 여과지에 도포 후 시험하고자 하는 도금 표면에 접착시킨 후 일정한 시간동안 방치시킨다. 이때 시간이 경과되면 용해된 이온과 지시약 사이의 반응이 발생되어 청색 반점이 나타나게 된다. 이것을 깨끗하게 수세한 후 건조하여 청색 반점을 통해 청정도를 평가한다. 과산화수소수 2%, 식염 0.008%의 수용액을 금속면에 적용하는 방법도 있다.

7.1.9 청정도 평가(Evaluating a Clean Surface)

탈지 및 전처리가 잘 되었는지의 청정도 평가는 여러 가지 방법으로 실험실에서 수행하고 있으나, 실제적으로 현장에서 사용하고 시험하기 쉬운 것은 고전적인 "수막시험(Water Break Test)" 방법이다.

- 개량의 수막시험방법 : 부품을 탈지하고 냉수로 수세하고 다음에 엷은 산에서 산세하고 다시 냉수세한 다음에 30초 드레인 시간동안 수막현상이 보이지 않으면 청정한 표면으로 판정한다. 이 시험에서 합격한 시편은 그 후 도금이나 어떠한 표면처리를 해도 문제가 없다.
- 그 외에 수막시험을 응용한 시험방법 : 표면장력이 각기 다른 시험액 10가지를 만들고 이 시험액을 시편에 떨어뜨려 수막현상이 없어질 때를 기준하여 그때 사용한 시험액으로 표면의 오염도를 정량적으로 수치화한 시험방법도 있다.

7.2 전기적 검사법

7.2.1 전기 도금법

청정한 면에 전기도금을 입히고 도금 상태에 의해 청정상태를 평가하는 방법이다. 이 방법에 사용되는 시약은 다음과 같다.

- 황산니켈 6수화물 시약으로 규정
- 염화암모늄 시약급으로 규정
- 붕산 시약급으로 규정
- 전술한 시약을 주제로 하는 욕조성
  황산니켈 210 g/L, 염화암모늄 43 g/L, 붕산 30 g/L
  pH 4.0~5.0, 온도 50℃
  음극 전류밀도 약 4 ASD, 교반하면서 20분간 실시

- 도금 종료 후 즉시 수세하고 건조한다.

평가는 다음과 같이 행한다.

- 외관관찰 : 도금표면에 광택 얼룩, 흐림 줄 자욱 등의 상태를 보고 평가한다.
- 가열시험 : 가열시험조건은 약 200℃에서 10분간 가열하고 즉시 냉각수 중에 넣어 급냉한다. 부풀음, 깨지거나 금이 간 상태를 보고 평가한다.

7.2.2 표면접촉 전기저항 측정법

산세에 의해 스케일(밀스케일)을 제거 한 후 표면접촉 전기저항값을 측정하는 방법으로, 흑연전극을 시험할 표면에 문지르고 제품으로 만들거나 세공하지 않은 금속과의 간격에서 생기는 저항값을 통해 측정하는 것으로 간단하면서 편리하다.

저항이란 전류가 흐르기 어려운 정도로 "Ω(옴)"의 단위를 사용한다. 단자 간에 전위차 V가 생기면 전하는 다른 극성의 전극을 향해 이동하려고 하는데, 이 이동을 방해하는 것이 저항이다. 저항값은 앞서 식(2.6)에 나타내었으며, 긴 물체일수록 또는 단면적이 작은 물체일수록 저항값은 높아진다.

절연재료 표면을 흐르는 전류에 주목해 그 흐르기 어려운 정도를 나타내는 계수를 표면저항이라고 부른다. 표면저항측정은 전극측에 가드를 위한 전기적 접점을 마련함으로써 절연재료 내부를 흐르는 전류를 방해한다. 전압(V)을 인가했을 때에 피측정물의 표면을 통과하는 전류(I_s)는 식(7.1)과 같이 나타낼 수 있다.

$$R_s = \frac{V}{I_s} \qquad \text{식(7.1)}$$

여기서, R_s : 표면저항(Ω)

V : 인가전압

I_s : 피측정물 표면통과 전류

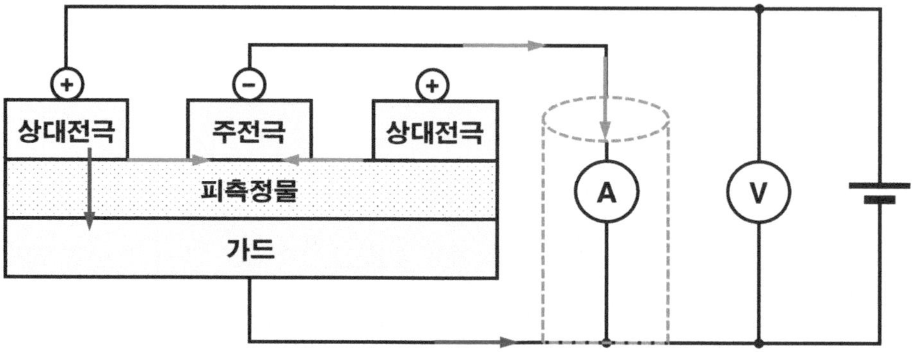

〈그림 7-1〉 표면저항 측정원리

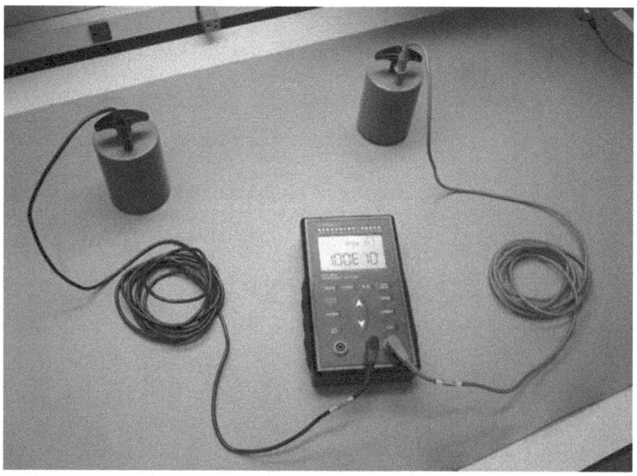

〈그림 7-2〉 표면저항 측정

7.2.3 교류 임피던스 혹은 표면전위 측정

시료 표면의 교류 임피던스, 표면 전위 측정을 통해 표면 청정도를 구하는 것으로, LCR meter*를 이용한다. 금속 시편을 비부식성의 전해질용액에 침적하고 대극으로는 시험편에 충분히 큰 표면적의 불용성 금속판(청정된 같은 금속이라도 가능)을 둔 후 양자 간에 교류 임피던스를 측정하는 것으로, 주파수에 따른 개별소자의 주파수 반응을 이용한다.

* LCR meter

임피던스(Z)라고 불리는 물리량을 측정하는 측정기이다. 임피던스는 양 기호"Z"로 나타내며, 교류 전류가 흐르기 어려운 정도를 나타낸다. 측정대상으로 흐르는 전류(I)와 양단 전압(V)에 따라 구할 수 있으며, L(inductance), C(capacitance), R(resistance)를 측정해주는 장치이다.

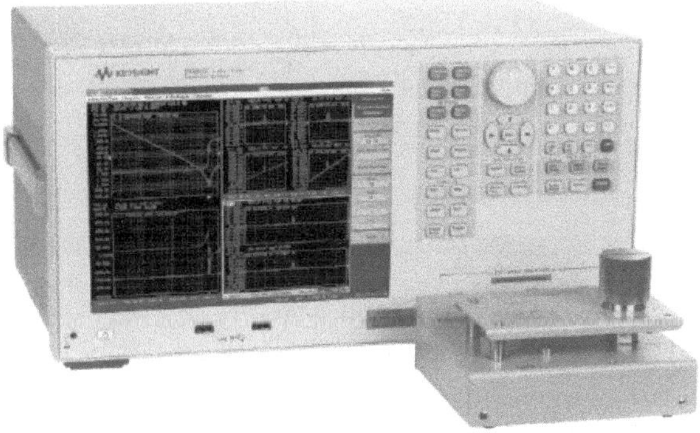

〈그림 7-3〉 Impedance Analyzer

7.3 비금속제품의 세정평가

유리표면 세정 후 표면 거칠기는 AFM(Atomic Force Microscope), 플라스틱 표면의 청정도는 SEM(Scanning electron microscope)과 접촉각 측정 장치 등을 이용한다.

7.3.1 이차 이온 질량분석(SIMS, Secondary Ion Mass Spectroscopy)

일정한 에너지(수keV~10keV)로 가속된 이온빔을 가진 일차이온을 고체 표면에 입사시킨 후 방출되어 나오는 이차이온의 질량을 측정하여 재료 표면을 구성하고있는 원소 및 분자의 종류 그리고 양을 분석하는 장비이다. 유리와 실리콘 시편 등의 세정 평가에 사용한다.

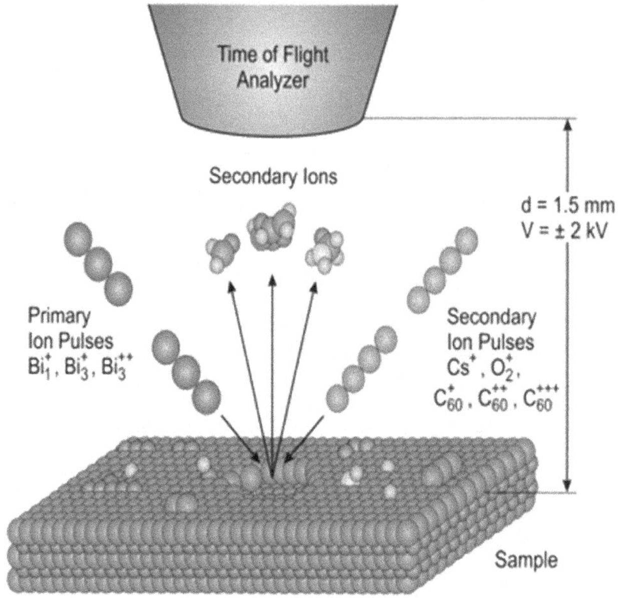

〈그림 7-4〉 비행시간형 이차이온 질량분석기 원리

입사되는 일차이온의 양(기준: 10^{13}개$/cm^2$에 따라 기준보다 적은 SIMS를 정적 SIMS(Static SIMS), 기준보다 많은 SIMS를 동적 SIMS(Dynamic SIMS)로 구분한다.

비행시간형 이차이온질량분석기(TOF-SIMS, Time-Of-Flight SIMS)는 이중에 정적 SIMS에 해당한다. TOF-SIMS의 경우 표면을 파괴시키지 않으면서 단원자층을 분석할 수 있을 정도 일차이온 전류밀도를 줄여 표면을 구성하고 있는 원소와 분자를 확인할 수 있으며, 질량 범위가 매우 크고 한 번에 수많은 이온을 분석 할 수 있는 장점을 가진다.

분석 방법은 표면분석(Surface Analysis), 깊이분석(Depth Analysis) 2가지가 있다. 표면분석으로 표면 Graph(Intensity-Mass), Element 분석, Raw Peak 분석, 2D Mapping이 가능하며, 깊이분석으로 Depth Profiling, 3D Mapping이 가능하다.

7.3.2 원자힘 현미경(AFM, Atomic force microscope)

유리표면 세정 후 표면 거칠기를 평가하기 위해 사용되는 것으로, 탐침(Probe)과 시료 사이의 간격이나 상호작용에 의해 달라지는 반데르발스 힘(Van der waals force)의 변화를 감지하여 이미지를 얻는 고해상도 표면측정 장비이다. AFM은 특히 탐침과 시료 사이의 원자간의 인력과 척력을 이용하기 때문에 시료의 전도성과 상관없이 표면의 형상을 관찰할 수 있다. 표면의 원자와 캔틸레버 끝 탐침의 원자 간에 상호작용하는 원자간력은 캔틸러버를 수직방향으로 휘어지도록 하고, 이러한 캔틸레버의 변형에 의한 캔틸레버 끝단의 각도 변화는 캔틸레버의 윗면에 조사되어 반사되는 레이저 광선의 각도를 편향시킨다. 이 때 반사되는 레이저의 편향 각도를 포토다이오드로 측정하여 표면의 굴곡을 이미지화한다. 척력이 작용하는 원자간 거리에서는 접촉 모드(Contact Mode) 원자힘현미경을 이용하고, 인력이 작용하는 거리에서는 비접촉 모드(Non Contact Mode) 원자힘현미경을 이용하여 시료 표면을 3차원 이미지로 형상화하며 측정한다.

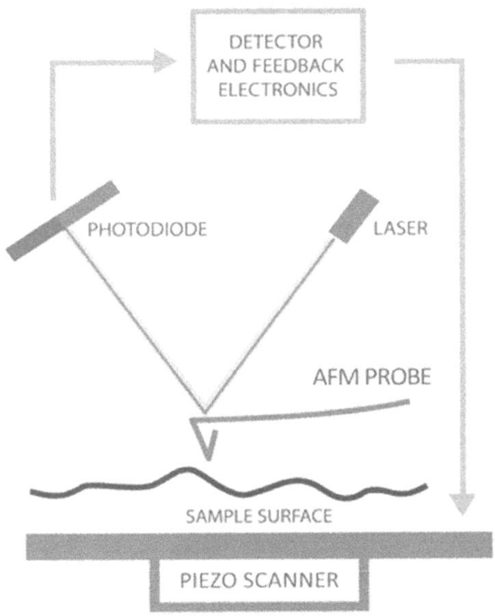

〈그림 7-5〉 원자힘현미경의 측정원리

7.3.3 주사전자 현미경(SEM, Scanning electron microscope)

전자현미경은 광선 대신에 전자빔을 사용하기 때문에 현미경의 내 부는 진공상태여야 한다. 전자는 공기와 충돌하면 에너지가 소실되거나 굴절되는 등 원하는 대로 제어하기 어렵기 때문이다.

집속된 전자빔이 시료표면에 입사되면 표면에서 이차전자(Secondary electron)가 주로 튀어나오며, 대부분의 SEM은 이차전자 검출기를 표준으로 사용하고 있다. 그 외에도 전자빔은 시료와 충돌하여 후방산란전자(Backscattered Electron) 등 다양한 현상이 발생하고, 이를 활용하여 다양한 형태의 측정 이 가능하다. 시료표면의 성분정보를 얻기위한 분석장비로 에너지분산형분광기(EDS, Energy Dispersive X-ray spectrometer)를 사용한다.

광학현미경에비해 초점심도가 깊으며, 파단면과 요철 부위의 관찰에 용이하다. 플라스틱의 표면 청정도를 평가하기 위해 이용한다.

전자현미 경은 표본과 대물렌즈와 렌즈 사이의 거리는 일정하지만 중간렌즈 와 투영렌즈의 코일에 통하는 전류의 세기에 의해 배율이 결정되며 상의 초점은 대물렌즈의 코일에 흐르는 전류에 의해 조절된다.

전자현미경의 단점이라면 우선, 고전압(0.5~30 kV)을 사용하여 가속전자를 발생시키므로 여러 가지 복잡한 장치가 요구되며, 전자빔을 이용하기 때문에 진공(10^{-5} 이하)이 필수적이다. 이 두 가지 요소(고전압과 진공기술)로 인해 전자현미경은 크고 복잡하며 가격 또한 비쌀 수 밖에 없다.

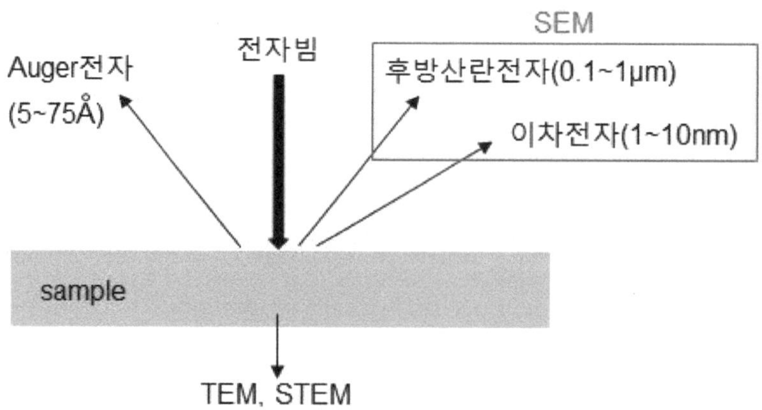

〈그림 7-6〉 전자빔에 의한 분석깊이

7.4 비전도성 제품의 전도성

비전도성 제품의 전도성은 전기도금을 하기 적절한 상태인가를 평가하는 기준이라 할 수 있다. 알맞은 에칭과 화학도금의 균일성에 따라 커버링이 달라지므로 용액의 관리가 중요하다.

7.4.1 화학 구리도금

황산구리, 롯셀염, 수산화나트륨용액에 포름알데히드를 첨가한 욕이 주로 이용되었으나, 1960년대부터 플라스틱, 폴리염화바이페닐(PCB) 및 세라믹 등의 비전도체 표면에 전도성을 부여하기 위해 EDTA 등을 첨가한 액들이 이용되고 있다. 환원제로는 주로 포름알데히드가 이용되고 있으며, 차아인산나트륨과 디메틸아민보란도에 대한 연구도 진행되고 있다.

(1) 반응기구(Plating Mechanism) - 포름알데히드를 환원제로 이용한 경우

음극반응 : $Cu^{2+} + 2e \rightarrow Cu^0 \quad E_0 = +0.34$

양극반응 : $HCHO + H_2O \rightarrow HCOOH + 2H^+ + 2e \qquad E_0 = +0.0564$

1) 주반응

$1mol$의 구리를 환원시키기 위해 $1mol$의 롯셀염, $4mol$의 $NaOH$, $2mol$의 포름알데히드가 필요

$$CuSO_4 + C_4H_4O_6NaK + 2NaOH$$
$$\rightarrow C_4H_4O_6NaK \cdot Cu + Na_2SO_4 + 2H_2O \quad \text{(식7.2)}$$

$$C_4H_4O_6NaK \cdot Cu + 2NaOH + 2HCHO \quad \text{(식7.3)}$$

$$\rightarrow Cu + 2HCOONa + H_2 + C_7H_4O_5NaK \quad \text{(식7.4)}$$

2) 부반응

카니자로 반응(Cannizzaro reaction) 발생

* 카니자로 반응 : 알칼리성에서 액을 방치하면 포름알데히드가 소모되는 반응

$$2HCHO + OH^- \rightarrow CH_3OH + HCOO^-$$

3) 자기분해 반응

고온, 고농도에서 쉽게 발생

욕 중에서 발생된 구리 핵은 자기분해 반응의 원인이 됨.

$$2Cu^{2+} + HCHO + 5OH^- \rightarrow Cu_2O + HCOO^- + 3H_2O \quad \cdots\cdots (식7.5)$$

$$Cu_2O + H_2O \rightarrow Cu^+ + Cu + 2OH^- \quad \cdots\cdots (식7.6)$$

enRJdns 무전해 구리도금은 작업 중 Cu^{2+}이온과 $HCHO$, $5OH^-$ 등의 감소가 심하게 일어나므로 Cu^{2+}는 $CuSO_4$로 OH^-는 $NaOH$로 보충한다. 그러나 $HCHO$의 산화에 의하여 $HCOO^-$의 양이 지속적으로 증가하므로 한계에 달하였을 때에는 새로운 용액으로 교체하여야 한다.

(2) 액의 구성

- 금속염 : $CuSO_4$
- 환원제 : $HCHO, Na_2HPO_2, DMAB$
- 착화제 : 롯셀염, $EDTA$ (사용 시 용량 주의)
- pH 조정제 : $NaOH, H_2SO_4$
- 완충제 : $NaCO_3$(20g 미만으로 유지)
- 안정제 : 산소(Oxygen), 티오요소(Thiourea), 메르캅토벤조티아졸(2-mercaptobenzothiazole)
- 촉진제 : 시안화물(Cyanide), 프로피오니트릴(Propionitrile), O-페난트롤린(O-phenanthroline)

(3) 액의 관리

- 도금조는 수지 성분이나 유리로 코팅하여 사용
- 교반 시 공기를 이용
- 적절한 안정제의 종류 및 용량 선택
- $EDTA$를 착화제로 이용하는 경우 농도에 주의
- 장시간 이용하지 않을 경우 액의 pH를 황산을 이용하여 10.5 정도에서 유지
- 재사용 시 $NaOH$를 이용하여 적정 pH 12~13 유지
- 상시 여과

(4) 화학 구리도금의 조성

[표 7.2] 화학 구리도금 조성

욕성분	로셀염욕	$EDTA$ 욕
황산구리	7 g/L	10 g/L
포름알데히드(35%)	20 ml/L	20 ml/L
$NaOH$	10 g/L	10 g/L
로셀염(Rochelle)*	20 g/L	
$EDTA\ 4Na$		25 g/L
안정제	극미량	극미량
습윤제	미량	미량

* 로셀염 : $Na_2C_4H_4O_6 \cdot 4H_2O$, 주석산칼륨소다의 일반명으로 백색결정이며, 시안화구리도금, 무전해 구리도금 등에 이용되고 물에 잘 녹는다.

7.4.2 화학 니켈도금

일반적으로 무전해 니켈욕은 금속염, 환원제, 완충제, 착화제로 구성되며, 액의 안정, 도금속도 향상, 피막의 물성향상 등을 위하여 여러 가지 개량제를 첨가한다. 환원제의 종류에 따라 다르나 부도체의 화학 니켈도금에는 차아인산나트륨을 사용하는 경우 $Ni-P$ 피막이 형성된다.

(1) 화학 니켈도금의 반응기구(알칼리 욕)

차아인산나트륨을 환원제로 이용한 욕은 Ni^{2+}, H_2PO^{2-}, H^+ 등의 반응물이 활성화된 소지 표면에서 각각의 전극전위 차이가 구동력이 되고, 국부전지 반응에의해 석출반응이 진행된다.

- 니켈 석출 :

$$(NiLm)^{2+} + H_2PO^{2-} + 3OH^- \rightarrow Ni^0 + HPO_3^- + H + 2H_2O$$

(2) 도금액의 구성

- 금속염 : $NiSO_4$(황산니켈), $NiCl_2$(염화니켈), $Ni(CH_3COO)_2$(초산니켈)이 니켈이온을 공급한다.
- 환원제 : $NaH_2PO_2H_2O$(차아인산나트륨, Sodium hypophosphite)이 산화되며 전자를 공급한다.
- 착화제 : 니켈 착이온 형성, 과잉의 유리니켈 이온 농도를 방지하여 액을 안정, pH 완충 역할(예 : Monocarboxylic acids, Dicarboxylic acids, Hydroxycarboxylic acids, Ammonia, Alkanolamines 등)
- 안정제 : Lead, tin, 티오요소 등이 활성 촉매 핵을 차폐시켜 액의 분해를 방지한다.
- 완충제 : 착화제 중 Na이온을 포함하는 것으로 pH의 변동을 방지한다.
- pH 조정제 : 황산, 염산, 수산화나트륨, 암모니아수를 이용하여 pH 저하방지 및 도금 속도를 유지한다.

(3) 화학 니켈도금의 조성

[표 7.3] 화학 니켈도금 조성

욕성분	Type1	Type2
황산니켈	30 g/L	10 g/L
차아인산나트륨	24 g/L	30 g/L
구연산 소다	65 g/L(구연산암모늄)	84 g/L
염화암모늄	50 g/L	50 g/L
가성소다	pH 조절	pH 조절
pH	8~10	9.5
온도℃	40	30~50

8장

크로메이트 처리

(Chromate Treatment)

화성처리의 일종으로 철에 아연도금이나 카드뮴 도금을 한 것을 크로메이트액(크롬산과 황산의 혼액)에 침지시키고, 6가크롬과 3가크롬 사이에 얇은 막을 만드는 조작을 말한다. 금속표면에 크롬의 독특한 광택을 내며, 내식성을 증가시키고 이때에 만들어진 피막을 크로메이트 피막이라고 한다.

크로메이트 처리는 금속제품의 후처리로 아연도금 후 처리하는 크로메이트와 알루미늄의 크로메이트가 많이 시행되고 있다. 여기에 사용되는 크로메이트 액은 매우 많으나 현실적으로는 완제품이 많이 사용되고 있다.

크로메이트의 종류는 광택 크로메이트, 유색 크로메이트, 흑색 크로메이트, 녹색 크로메이트가 있으며, 종류마다 색이 다르기도 하지만 내식성의 효과도 차이가 있다.

8.1 크로메이트와 크롬도금의 차이

8.1.1 크로메이트(크롬산염 피막)

크롬산 또는 중크롬산염을 주성분으로 하는 용액 속에 물품을 넣어 방청피막을 입히는 것이다. 금속 위에 형성하는 크롬산 크롬을 주성분으로 한 얇은 막을 형성한다. 주반응은 액 중의 산에 의해 아연이 용해하고, 중크롬산 이온 등을 환원하기 위해 아연계면에서는 수소이온 농도가 저하된다. 따라서 침전물이 아연표면에 침작하고 복잡한 성분의 피막이 형성된다. 이런 피막들은 작업 현장에서 산화보호와 부동태의 역할로 사용된다. 결국 도금을 할 수 없게 피막을 입혀 장기간 원소재를 유지한다.

8.1.2 크롬도금

다른 금속의 표면에 얇은 크롬 층을 형성하는 것으로 여러 종류의 도금 중에서도 가장 일반적이며 오래전부터 널리 사용되었다. 아름다운 광택이 목적일 경우의 도금 두께는 2/10,000~1/1,000 ㎜이고, 식기 또는 기타 일용품에서 황동의 표면에 도금한 것이 많이 쓰인다. 마모에 잘 견디는 경질 크롬도금의 두께는 마모수명의 필요에 따라 2.5~250 ㎛

이다. 카메라 렌즈의 나사 고정 부분, 정밀기계의 끼워 맞춤 부분, 주형의 내면, 인쇄용 판면 등의 마모 방지에 사용된다. 크롬도금에 사용하는 도금액은 용액 속의 크롬산·황산 이온의 농도에는 고농도와 저농도가 있으며, 용액의 농도와 온도, 전류의 밀도 등 도금조건에 따라 아름답고 광택 있는 면을 얻을 수 있다.

(1) 목적

- 금속 표면을 녹슬지 않고 아름다운 광택을 띠게 만든다.
- 금속을 마모에 강하게 만드는데 있다.

(2) 방법

- 보통 크롬산에 황산이온 용액을 사용하여 전기도금을 한다.
- 양극에는 금속크롬을 사용하지 않고 납과 같이 황산에 침해되지 않는 것을 사용한다.
- 용액 중에서 감소된 크롬 양은 크롬산으로 보충하여 전착을 계속한다.

[표 8.1] 크로메이트 와 크롬도금의 차이

	크로메이트	크롬도금
주성분	크롬산 또는 중크롬산	크롬
방식	피막을 입히는 것	크롬층 또는 크롬박층을 형성
목적	내식성, 도료 밀착성	내식성, 내마모성, 외관 광택

8.2 아연도금의 크로메이트 처리

크롬산염 처리(chromate treatment)라고도 하며, 크롬산 또는 중크롬산 염을 주성분으로 하는 용액 속에 물품을 침적하여 방청 피막을 입히는 것을 말하며 chromating이라고도 한다. 피막을 형성하기 위한 주반응은 액 중의 산에 의해 아연이 용해된다. 외관, 도장하지용, 내식용으로 적합. 크로메이트 처리는 전기 아연 도금된 도금표면의 백청 발생을 억제하고 페인트 층과의 밀착성을 높이기 위해 개발되었다.

8.2.1 아연 도금의 특징

- 기계 가공된 비교적 복잡한 형상의 소재에도 균일한 두께로 도금할 수 있다.
- 양산 가공도 용이하다.
- 중성의 환경에서는 부동태 영역이 존재하여 내식성이 아주 좋다.
- pH 8~12의 영역에서의 부식은 특별히 적다.
- 부식속도는 비도금 제품의 약 1/100 정도이다.
- 후처리 크로메이트 피막이 아연의 휩 발생을 장기간 막기때문에 녹 방지 효과가 뛰어나다.
- 다른 도금 가공비와 비교해, 극히 낮은 가격으로 도금할 수 있다.
- 도금 후의 2차 가공이 용이하다.
- 아연 도금 후 특수 염료에 침지해 착색하는 방법도 있지만 미관을 위한 것으로 내식성은 떨어진다.

8.2.2 아연도금의 크로메이트 처리 방법

- 이 처리액은 6가 크롬(Cr^{6+})을 주성분으로 한다.
- 아연도금의 후처리로써 크롬산, 황산, 초산 등의 상온 혼합산에 10~60초 정도 침적한다.

- 반응 촉진제 : 황산, 질산
- 반응 완충제 : 아세트산
- 화학처리를 하여 아연도금 표면에 6가 및 3가의 착화합물을 생성 고착한다.
- 철(Fe)소지에 아연도금한 제품은 아연이 백색으로 부식되어 철을 보호한다.
- 과거 많이 사용하던 고농도 액은 크롬폐수의 문제가 발생한다.
- 현재는 농도를 많이 낮춘 크롬산 또는 중크롬산 염으로 된 저농도 크로메이트 액이 널리 사용된다.(1/50~1/70 정도)
- 내식성을 향상하고 외관을 개선하기 위하여 아연도금 후에 처리한다.
- 일반적으로 유니크로(광택), 황색(유색), 흑색, 그린(올리브) 등이 있다.
- 내식성이 우수한 6가 크롬을 함유한 피막은 유해성이 있어 ROHS, ELV 등의 규제대상이다.
- 6가 크롬의 유해성을 대체한 3가 크롬을 이용한 처리로서 아연도금상에 맑은 청색의 상을 만드는데, 이는 유색과 동등한 내식성을 가지며 가열 내식성도 우수하다.
- 유색은 처리만으로는 내식성이 부족하여, 내식과 외관을 보충하기 위하여 보통 탑 코팅처리를 한다.
- 60℃ 이하의 저온에서 건조한다.
- 적용 대상품은 아연도금강판 및 아연다이캐스팅 제품 등에 적용한다.

8.2.3 크로메이트 피막의 생성원리

- 아연도금 한 제품을 크롬산 화합물 및 산이 있는 용액에 침적하면 크로메이트 피막이 형성된다.
- 이 피막은 용액 중에서 아연이 용해할 때 발생하는 발생기의 수소에 의해 크롬산이 환원되어 3가 크롬이 된다.
- 이 3가 크롬 $Cr(OH)_3$와 크롬산(CrO_3)가 결합하여 복잡한 겔(gel)상의 수화물로 되어 아연 표면에 침착되는데 이 피막의 본질은 크롬산 크롬의 수화물이다. ($CrO_3 \cdot Cr_2O_3 \cdot nH_2O$)

8.2.4 크로메이트 반응의 단계적 과정

- 용해된 아연($ZnSO_4$ 등)은 용액 속으로 확산되나 크로메이트 피막 속에는 거의 들어가지 않는다.
- 이 피막을 적절하게 건조하면 점차 수분이 증발하여 미세한 균열이 있는 아교상(또는 젤라틴상)의 굳은 피막이 되는데, 분산되어 있는 6가 크롬의 양과 피막의 두께가 색의 농도 및 색조를 결정한다.
- 광택 크로메이트 피막(3가 크롬은 비교적 많고 6가 크롬이 거의 없는)이 생성되는 데 피막 건조 전에 피막 중의 6가 크롬을 알칼리 또는 열탕에서 추출하며, 6가 크롬이 극히 적은 크로메이트 액에서 엷은 막을 생성시킨다.
- 피막의 생성속도는 수소이온과 중크롬산 이온이 생성된 크로메이트 피막 속으로 침투하여 공급되는 속도에 좌우되며, 피막의 생성속도는 액의 교반이 빠를수록 크다.
- 피막의 생성속도와 용해속도는 크로메이트액의 성분으로 조정하며, 조정여하에 따라 유색 크로메이트와 무색 광택 크로메이트로 분류한다.

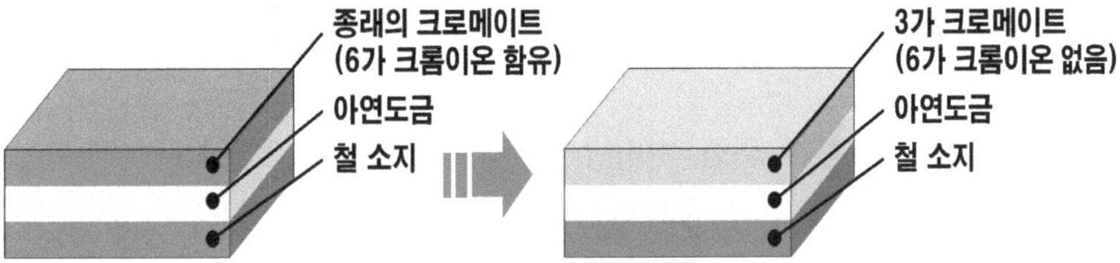

〈그림 8-1〉 크로메이트 표면의 변화

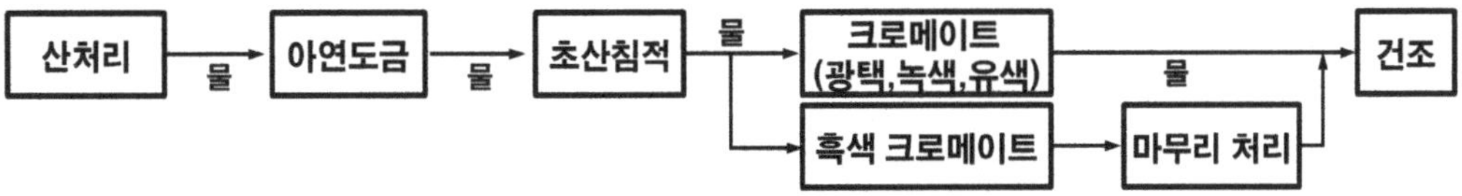

〈그림 8-2〉 크로메이트 과정

8.2.5 각종 크로메이트의 작업조건

(1) 온도

- 보통 상온에서 작업한다.
- 용도에 맞는 피막의 품질을 온도범위를 적절하게 설정한다.
- 광택 및 착색성은 30~40℃의 범위에서는 온도가 높을수록 좋다.

(2) 처리시간

- 고·중 농도 액 일 때는 수초.(1초 침지에 약 0.5~1.0 ㎛의 아연 두께가 감소)
- 저농도 액 일 때는 화학 연마력이 거의 없으므로 침지시간이 길수록 피막이 두껍게 형성되고 색상이 진하며 내식성이 좋으나 피막의 일부가 용해 또는 탈락되는 수가 있다.

(3) pH

- 낮을수록 화학 연마력이 커서 광택이 좋다.
- 높을 때는 피막 생성이 빠르다.

(4) 균일한 피막을 얻기 위한 처리방법

- 액의 농도, 온도, 침지시간, 교반 등을 일정한 범위로 유지한다.
- 정지(랙킹)형 자동도금장치는 색의 균일성을 높이기 위해 반드시 공기 교반 장치를 설치한다.

(5) 6가 크롬

- 농도가 높으면 화학 연마력이 강하고 광택은 좋으나 두꺼운 피막은 생기기 힘들고 크롬산, 황산, 질산의 단순 액(첨가제가 없는)의 경우 70 g/L가 피막 생성의 분기점이 된다.
- 농도가 낮으면 피막생성이 강함. 생성된 피막 중에 6가 크롬이 많으면 내식성이 좋아지므로 광택 처리액 중에는 6가 크롬을 많이 첨가한다.

(6) 황산이온(SO_4^{2-})

- 반응 촉진시키는 대표적인 촉매이다.
- 많을수록 일정량의 6가 크롬의 피막형성을 촉진한다.
- 황산, 황산염류 형태로 첨가된다.
- 그 외의 반응촉진제로는 인산, 염산, 질산, 불산, 식초산 등이 쓰인다.

(7) 질산

- 주로 화학연마제 역할을 한다.
- 크롬산이 저농도 일 때는 촉매 역할을 하나 크롬산 대비 일정비율 이상 첨가시 아연 표면을 부동태화 하여 생성을 방해하고 피막 탈락이 쉬워지므로 첨가량에 주의해야 한다.
- 질산은 아연을 용해하면서 소모되므로 적절한 보충이 필요하다.

(8) 아세트산

- 완충제와 촉매제 역할

(9) 3가 크롬

- 6가 크롬이 아연에 의해 환원되면서 액 중에 쌓인다.
- 고·중농도액에서는 피막을 생성하려면 3~15 g/L가 필요하다.
- 저농도의 광택 크로메이트에서는 일정량이 필요하다.
- 저농도 용액에서 필요 이상 증가 시 피막색이 나빠지고 노화현상 발생한다.
- 유색 크로메이트에서는 불필요하다.
- 양이온 교환수지 등을 이용하여 제거한다.
- 전해산화로 6가로 산화시킬 수 있다.

(10) 불순물

- 구리, 납, 은, 철 등의 중금속 축적 시 내식성이 저하된다.
- 염수분무시험에서 흑(백)점이 많이 발생하는 경우에는 구리, 니켈 등이 존재하는 경우이다.
- 액을 교환하거나 양이온 수지 또는 격막전해 등을 사용하여 제거한다.

(11) 흑색 크로메이트 처리액

- 음이온이나 구리이온 첨가 시 내식성이 우수한 두꺼운 흑색 피막을 얻는다.
- 건조 시 얼룩이 생기기 쉬워 신속한 열풍건조가 필요하며 탕세는 불가하다.
- 무수크롬산(Cr_2O_3) 2 g/L 정도의 액에 담근 후 건조하면 얼룩을 방지한다.
- 피막 중에 음이온 존재 시 직사광선에서 차차 녹색으로 변화한다.
- 염화분수시험 중에 생긴 염화은이 아연의 백녹색과 혼동될 우려가 있다.

(12) 암녹색 크로메이트

- 특수한 음이온 첨가 시 내식성이 우수한 두꺼운 녹색피막이 형성된다.
- 흑색의 피막도 두꺼운데 고온 건조 시 균열이 발생하므로 내식성을 요하는 곳에서는 주의가 필요하다.

(13) 크로메이트 피막의 염색

- 피막 처리 후 건조하지 않고 70~80℃의 염료수용액에 담그면 피막에 미세하게 가는 금 등이 생기면서 염료가 흡착돼 염색된다.

(14) 건조

- 피막처리 한 후에 피막에는 다량의 수분이 존재하므로 피막이 약하다.
- 건조하여 탈수하면 견고한 피막이 형성된다.
- 고온에서 급격히 건조하면 균열이 발생하여 내식성이 급격히 저하된다.

- 60~70℃에서 저온 건조 시에 내식성이 가장 우수하다.
- 피막은 24시간 이상 경과 후에야 견고해진다.
- 처리 후 탕세는 건조에는 도움이 되나 6가 크롬 때문에 내식성이 감소한다.
- 탕세가 불가피한 경우에만 50℃ 이하에서 짧은 시간에 끝낸다.
- 광택 피막 중에는 6가 크롬이 거의 없으므로 과도한 열탕만 아니라면 큰 영향은 없다.

8.2.6 크로메이트액 관리방법

- 액은 사용 중 노화되어 크롬산 농도는 저하하고, 용해아연은 증가하며, pH는 상승한다.
- 액의 관리는 적절히 보충하여 사용하다가 새로운 욕으로 교체한다.
- 처리가 잘 될 때의 pH 값을 측정하여 이를 기준으로 하여 크로메이트제를 만들어 적절히 보충한다.

8.2.7 용해 아연량

- 10 g/L 정도가 한계이며 종류에 따라 많은 차이가 있다.
- 시료에 황산을 넣은 후 차아황산나트륨으로 크롬을 환원 시키고 일반 금속 아연분석법으로 분석한다.
- 포르말린을 첨가할 필요 없으나 완충액은 많이 첨가한다.

8.2.8 6가 크로메이트 및 3가 크로메이트 피막의 특성

- 3가 피막의 경우 6가 피막 대비 수분이 적어 건조 후 표면에 미세한 크랙이 거의 없다.
- 3가 피막은 6가 크롬을 함유하지 않으므로 피막에 손상 발생 시 부식환경에서 자기회복 능력이 미흡함 따라서 피막은 *Co* 및 *Si*가 이를 대체하는 역할을 한다.(*Co* : 피막에 함유, *Si* : Top Coat에 함유)
- 3가 피막은 열 충격 후에도 피막 층이 두께 및 성분의 변화가 적다.

8.2.9 크로메이트 피막의 성질

(1) 물리적 성질

- 생성 당시는 젤라틴과 같은 약한 피막이다.
- 서서히 건조하면 경화되어 내마모성이 향상된다.
- 건조 시 60℃이하에서는 경화가 촉진되나, 70℃이상 에서는 탈수가 빨리 되어 피막이 갈라져 내식성이 저하되는데 이는 크로메이트 피막 중의 수분이 방출되기 때문이다.
- 피막의 두께는 보통 2 ㎛이하이다.(경우에 따라서는 10 ㎛)
- 엷은 피막으로 인한 간섭색과 피막중의 6가 크롬산염 때문에 다양한 색의 피막을 얻는다.
- 피막의 두께는 (청)백색 → 무지개색 → 황색 → 갈색 → 블론즈 → 황갈색 → 흙색 순으로 두꺼워진다.

[표 8.2] 크로메이트 피막의 건조온도와 내식성(단위 : 시간)

크로메이트	건조온도(℃)				
	25	60	80	150	200
광택	72	72	48	24	18
유색	168	144	72	24	24
흑색	240	192	96	18	12
농녹색	432	360	288	18	12

(2) 내식성

- 피막의 강도, 6가 크롬의 함유량, 처리방법, 피막의 두께에 따라 좌우된다.
- 6가 크롬에 의한 부식 억제능력과 피막자체의 물리적 성질이 부식에 대한 방패 역할을 한다.
- 피막이 긁히거나 마모되어도 6가 크롬이 습기에 의해 서서히 재생되어 내식성을 복구하여 상당 기간 내식성을 유지한다.

- 내식성은 피막의 두께에 비례하며 피막의 두께는 건조 전에는 수 ㎛이나 건조 후에는 0.5 ㎛이하이다.

[표 8.3] 저농도 유색 크로메이트 피막의 색상과 내식성의 예

피막 두께	색상	피막중의 크롬량 (mg/dm²)		염수분무시험 (KS D9502)	
		모든 크롬 (3가/6가)	6가 크롬	검은색 발생(시간)	백청 발생(시간)
두껍다 ↕ 얇다	붉은오렌지색	2.6	0.99	48~96	72~120
	녹색	2.3	0.79	72~96	120~168
	적색	1.8	0.61	72~96	120~168
	청자색	1.6	0.42	72~96	120~168
	핑크색	1.6	-	48~72	120~168
	황-핑크색	1.5	-	48~72	120~168
	엷은 황색	1.3	-	48~72	72~96

[표 8.4] 각종 크로메이트 피막의 내식성 비교

크로메이트	분무시간										
	24	48	72	96	120	144	168	192	216	240	500
광택	0	2	4	5	-	-	-	-	-	-	-
유색	0	0	0	0	2	4	5	-	-	-	-
흑색	0	0	0	0	0	2	5	-	-	-	-
녹색	0	0	0	0	0	0	5	0	0	0	2

(3) 도장에 대한 밀착성

- 페인트, 락커 및 기타의 유기도료에 대한 피막의 밀착성이 우수하다.
- 나중에 도막이 없어져도 피막이 내식성을 유지해 준다.
- 밀착성이 좋게 하려면 도장 전에 피막표면이 부식되거나 더럽지 않아야 한다.

(4) 염색성

- 피막의 생성 초기에는 염료를 흡수하므로 크로메이트 처리 후에 염색해야 한다.
- 피막을 건조한 후에는 소수성 및 비 흡습성의 피막이 되어 염색이 되지 않는다.
- 파스텔 색은 엷은 피막에서 검은 진한색은 두꺼운 피막에서 염색된다.
- 미관용 염료는 광택이 없으므로 염색 후 투명 락커 코팅을 해야 한다.
- 다른 이온이나 염료를 넣어서 피막의 색상을 달리하는 경우도 있다.
- 투명 락커 코팅은 코팅 후에 염색하면 더욱 균일하고 견고하다.

(5) 화학 연마성

- 좋은 외관을 위해 아연도금 층을 화학연마 하여 표면 일부를 깎아 광택을 얻는 방법으로, 장식 도금에 많이 사용되며 매우 얇은 무색의 피막을 얻는다.
- 백색의 피막을 원할 경우 유색 크로메이트 피막을 얻은 후 탈색하여 청백색의 광택피막을 얻는다.
- 화학연마를 하기 위해서는 아연 도금층이 깎여서 엷어지므로 도금의 두께를 고려하여 작업한다.

(6) 경도

- 피막의 표면이 젖어있을 경우 연하고 손상되기 쉽다.
- 건조한 경우에는 경도가 매우 높아 프레스나 압착 가공에도 견딜 수 있다.
- 연속적인 긁힘이나 거친 마찰에는 견디기 어렵다.
- 특별히 습도가 있을 때 경도가 있는 것은 건조 전이라도 취급을 잘하면 견딜 수 있다.

(7) 내열성

- 65℃ 이상의 고온에서 가열 건조 시 내식성이 급격히 저하된다.
- 이는 6가 크롬이 불용성이 되어 부식 억제 역할을 하지 못한다.
- 건조 시 피막의 수분이 제거돼 수축 및 균열이 생겨서 내식성이 저하된다.
- 소지금속, 피막두께, 가열시간, 온도, 상대습도 에 따라 파괴현상이 다르다.
- 대개의 경우 후처리 즉 실링처리제를 사용하여 내식성을 향상시킨다.

(8) 전기저항성

- 소지가 부식되어 산화피막으로 덮힌 경우보다는 전기의 접촉저항이 낮다.
- 피막의 두께가 얇을수록 전기의 접촉저항 적다.
- 투명피막〈무지개색의 황색피막〈두꺼운 황갈색 피막 순으로 크다.
- 부식 초기 얇은 피막이 전기저항이 적으나 부식이 되면 접촉저항이 크다.
- 두꺼운 피막은 처음에는 접촉저항이 크나 부식이 잘되지 않기 때문에 항상 동일한 저항을 유지한다.

(9) 가공성

- 얇은 피막은 전기용접성에 별다른 용접성에 영향이 없으나, 두꺼운 피막은 기계적 압력을 가하면서 용접한다.
- 가스용접 시 피막의 방해를 받지 않는다.
- 납땜성은 피막이 장해를 준다.

8.2.10 크로메이트 제조설비 및 재료

(1) 재료

- 피막은 크롬산을 주성분으로 하여 각종 첨가제가 첨가된다.
- 표면청정은 각종탈지제, 산세, 에칭제 등으로 실시한다.

(2) 사용설비

- 전처리 설비로는 탈지조, 에칭조, 산세조, 수세조, 배기설비, HEATER 등이 있다.
- 피막시설에는 피막 처리조가 있다.
- 후처리 설비로는 건조기가 있다.
- 액 분석은 전분지시약, 페놀프탈레인시약, Na, NaOH, 피펫, 뷰렛, 코니컬 비이커 등을 사용하여 실시한다.
- 시험은 염수분무 시험기를 사용하여 실시한다.

(3) 아연도금의 크로메이트 공정 및 처리효과

- 아연(Zn)도금은 도금한 자체 상태로는 변색이 잘되고 지문 등이 묻기 쉽고, 특히 습기가 많이 있는 대기 중에서는 백색 반점이 생기기 쉽다.
- 아연의 백청 발생의 발생을 방지하고, 지문, 그 외의 오염물이 부착되기 어렵게 한다.
- 우수한 광택제를 사용하여 색상과 광택이 있는 미려한 도금 면을 얻어 외관을 좋게 한다.
- 도료, 염료의 밀착성을 향상시킨다.
- 아연도금만 한 것보다는 내식성이 수배에서 수십 배 증가하는데 상온의 크롬산, 황산, 초산 등의 혼합산에 10~60초 정도 침적한 후 약 60℃/30분의 조건에서 건조하는 것이 가장 양호하다.
- 건조온도가 올라 갈수록 피막의 수분이 방출돼 피막에 금이 가서 내식성이 저하된다.
- 특히 80℃ 이상에서 건조 시 효과가 현저히 저하된다.
- $Zn-Fe$ 합금은 징케이트 액으로 석출되며, 아연합금 3종류에서 비용이 가장 저렴하고, 외관이 우수한 크로메이트를 얻을 수 있다.

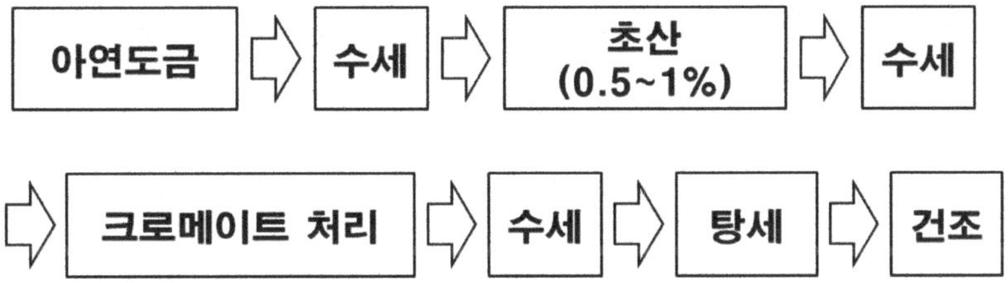

〈그림 8-3〉 아연도금 크로메이트 공정

[표 8.5] 각종 크로메이트 처리의 개요

크로메이트	타입	외관 색조	사용조건 및 목적
광택	외관형	청 은백색	미관을 지속시키며, 내식성을 별로 중요시 하지 않는 제품
	내식형	청~반노랑	내식성을 중시하며, R/L로 색을 구별
유색		황금색 무지개색	내식성을 중시하는 제품
흑색	외관형	흑색	내식성은 양호하고, 도장 장식부품에도 많이 이용. 단, 내마모성을 중시하지 않는 제품
	내식형	흑색	내식성을 중시하는 제품으로 내후성에도 뛰어남.
녹색		올리브색	가혹한 부식환경에서 사용되는 제품

8.2.11 크로메이트의 종류

(1) 전해 크로메이트

- 은도금, 동도금, 동합금 도금, 니켈합금도금, 주석합금 도금 등의 내식성, 내변색성 향상에 이용된다.
- 보통은 음극 처리로, 크롬 도금과 비슷한 방법이다.

- 음극전류밀도는 크롬도금보다 작고, $Dk = 0.1 \sim 2\,A/dm^2$정도이다.
- 효과는 핀홀이나 피복력 부속 때문에 도금에 전착하지 않는 소재 혹은 기초 도금의 노출부분이 크로메이트 처리가 되어, 내식성과 내변색성이 향상된다.
- 기타 표면처리 강판의 크로메이트 처리에도 이용된다.

(2) 유색 크로메이트의 종류

- 크로메이트 처리에는 광택 크로메이트, 유색 크로메이트, 흑색 크로메이트, 녹색 크로메이트가 있다.
- 광택 크로메이트는 유니크로라고도 하며, 유니크로 이외의 크로메이트 처리는 유색 크로메이트이다.
- 일반적 도금용어에서 유색 크로메이트는 황금색 또는 홍색 크로메이트 이다.
- 흑색 크로메이트와 녹색 크로메이트는 유색 크로메이트와 구별한다.
- 크로메이트 처리의 내식성을 비교
  녹색 크로메이트>유색 크로메이트=흑색 크로메이트>광택 크로메이트

(3) 무색 크로메이트(colorless chromate)

- 광택 크로메이트를 무색 크로메이트 혹은 유니크로 라고도 한다.
- 피막 중에 6가 크롬은 적고, 3가 크롬이 많다.
- 광택 크로메이트(유니크로)는 청은백색(블루계)으로 미관을 중시하여, 내식성을 특히 중시하지 않은 경우에 실시한다.
- 다른 크로메이트에 비해 내식성이 뒤떨어진다.

(4) 흑(색) 크로메이트(black chromate)

- 욕조성은 무수크롬산 40~45 g/L, 황산나트륨 40~45 g/L, 초산 0.5~1.5 g/L
- 아연도금의 흑색 크로메이트 처리에 이용한다.
- 흑니켈, 흑크롬 도금에 비해 값싸고 내식성이 좋아 자동차부품, 전기부품, 잡화 등에 널리 이용된다.

- 균일한 담흑조로 하는 데는 건조방법이 중요하며 수세 없이 재빠르게 열풍 건조시켜야 한다.(80℃ 이하)
- 건조온도가 너무 높을 경우 내식이 저하할 수 있다.
- 내식성은 보통의 유색 크로메이트(홍황색)보다도 좋아 자동차 및 전기 부품에 많이 사용된다.
- 크롬 산화물이 다른 산이나 알칼리와 반응을 하지 않기 때문에 내식성이 좋다.
- 크로메이트 층이 깨질 경우 아연 양성산화물이기에 부식이 아주 빨라진다.
- 염수분무시험에서 점 형태의 백녹이 발생까지 200시간 이상을 필요로 하는 것도 있다.

(5) 녹색 크로메이트

- 크로메이트 액에 특수한 음이온을 첨가한 것이다.
- 후막형의 두께는 1~2 ㎛ 이다.(일반 크로메이트의 두께는 0.05~1 ㎛)
- 내식성이 아주 좋아 염수분무 시험에 있어서 침상의 백산화물이 발생하기까지 250시간이 필요한 경우도 있다.
- 두꺼운 피막이므로 고온 건조 시 균열로 크랙이 발생할 수 있으므로 저온 건조한다.
- 내식을 요하는 자동차 부품 등에 사용된다.

8.2.12 아연도금용 크로메이트 처리액의 조성과 특징

(1) 아연 도금용 청색 3가 크로메이트 조성액의 구비조건

- 균일한 청색외관을 얻을 수 있어야 한다.
- 어떠한 아연도금 욕 종에도 대응이 가능해야 한다.
- 가능하면 기존의 라인에 도입이 가능해야 하며 관리가 용이해야 한다.
- 장기적으로 안정가동이 가능해야 한다.

[표 8.6] 아연도금용 청색3가 크로메이트제 처리조건

	첨가제 및 농도(g/L)	온도 (℃)	시간 (초)	pH
크로메이트액의 성분	무수크롬산(150~200) 황산(2~6) 황산나트륨(20~30) 질산(20~30) 아세트산(10~20)	25~30	10~20	2~3
건조	60~100℃, 10분이상			
교반	강한교반			

(2) 아연도금용 녹색 크로메이트 처리액의 조성과 요구조건

- 특정 아연도금 욕에 관계없이 어디서나 사용이 가능해야 한다.
- 내식성이 우수해야 한다.

[표 8.7] 아연도금용 녹색 크로메이트제 처리조건

크로메이트 액의 성분(g/L)	농도 (g/L)	온도 (℃)	시간 (초)
중크롬산 소다(20~50) 황산(5~15) 기타 첨가제(약간)	20~60	25~35	45~120

(3) 아연 도금용 흑색 3가 크로메이트 처리액의 조성과 구비조건

- 6가 크로메이트와 동등한 외관으로 고내식성을 얻을 수 있어야 한다.
- 모든 도금 욕 종에 대응이 가능해야 한다.
- 욕의 보급관리가 용이하고 장기간 안정적으로 사용할 수 있어야 한다.
- 어느 욕 종에서도 안정된 마찰계수를 얻을 수 있어야 한다.

[표 8.8] 아연도금용 흑색3가 크로메이트제 처리조건

	첨가제(g/L)	농도 (g/L)	온도 (℃)	시간 (초)
크로메이트액의 성분	무수크롬산(180~200) 황산(4~6) 황산나트륨(20~30) 질산(20~30) 아세트산(10~30)	25~30	10~20	2~3
교반	화성처리 : 강한교반, 마무리 : 약한교반			
건조	80~100℃, 20분이상			

(4) 아연도금용 흑색 크로메이트 처리액의 조성과 요구조건

내식성이 우수한 흑색피막을 얻을 수 있어야 한다.

[표 8.9] 아연도금용 흑색 크로메이트제 처리조건

크로메이트 액의 성분(g/L)	농도 (g/L)	온도 (℃)	시간 (초)
무수크롬산(40~45) 황산나트륨(40~45) 질산은(0.5~21)	20~60	25~35	45~120

(5) 아연 도금용 유색 3가 크로메이트 처리액의 조성과 구비조건

- 모든 도금 욕 종에 대응이 가능해야 한다.
- 고내식성 표면을 안정적으로 얻을 수 있어야 한다.
- 가능하면 기존의 라인에 도입이 가능해야 하며, 관리가 용이해야 한다.
- 장기적으로 안정가동이 가능해야 한다.

[표 8.10] 아연도금용 유색3가 크로메이트제 처리조건

	첨가제 및 농도(g/L)	온도 (℃)	시간 (초)	pH
크로메이트액의 성분	염화크롬(80~100) 질산소다(80~100) 불화소다(15~30) 질산코발트(10~30) 구연산(15~30)	60~90	40	2.5
건조	50~100℃, 10분이상			
교반	강한교반			

(6) 아연 도금용 6가 백색 크로메이트 처리액의 조성과 구비조건

- 작업조건 및 내식성이 우수해야 한다.
- 불소가 들어가 있지 않아야 한다.

[표 8.11] 아연도금용 6가 백색 크로메이트제 처리조건

크로메이트 액의 성분(g/L)	농도 (g/L)	온도 (℃)	시간 (초)
무수크롬산 소다(50~15) 황산(3~71) 질산(03~50) 옥살산(15~20) 산성불화합물(1~3)	0.5~1	15~28	10~20

(7) 아연도금용 유색 크로메이트제 처리액의 조성과 구비조건

- 내식성이 뛰어나야 한다.
- 모든 아연도금의 chromate제로 사용할 수 있어야 한다.

[표 8.12] 아연도금용 유색 크로메이트제 처리조건

크로메이트 액의 성분(g/L)	농도 (g/L)	온도 (℃)	시간 (초)
무수크롬산(150~200) 황산(2~5) 황산나트륨(20~30) 질산(20~30) 아세트산(10~20)	8~12	15~28	10~20

(8) 아연 도금용 산타입 흑색3가 크로메이트용 수용성 마무리제의 구비조건

- 수용성 타입으로 취급이 용이하여야 한다.
- 침적·건조하는 것으로도 내식성이 좋은 피막을 얻을 수 있어야 한다.
- 얼룩이 적으며 균일한 마무리를 얻을 수 있어야 한다.
- 치구의 박리가 필요 없고, 연속라인에서 사용할 수 있어야 한다.
- 유해화학물질이 포함되어 있지 않아야 한다.

[표 8.13] 아연도금용 흑색3가 크로메이트용 마무리제의 처리조건

<table>
<tr><th></th><th colspan="2">표준(g/L)</th><th>범위(g/L)</th></tr>
<tr><td rowspan="2">크로메이트액의 성분</td><td colspan="2">BARREL : 200</td><td>150~250</td></tr>
<tr><td colspan="2">RACK : 50</td><td>40~100</td></tr>
<tr><td>처리온도(℃)</td><td colspan="2">48</td><td>40~52</td></tr>
<tr><td>처리시간(초)</td><td colspan="2">10</td><td>5~15</td></tr>
<tr><td>pH</td><td colspan="3">4.0(가성소다 액으로 조정)</td></tr>
<tr><td>가온방법</td><td colspan="3">간접가열은 좋지 않다.
투입식 히터(석영, 테프론 히터 등)를 사용한 경우에는 가열부에서의 침전분출이 발생하므로 사용않는 것이 좋다.</td></tr>
<tr><td rowspan="2">탈수조건</td><td colspan="3">바스켓 처리 : 원심탈수(상온, 1000 rpm, 3~5분)</td></tr>
<tr><td colspan="3">랙크 처리 : 상온, 약풍에서 탈수 건조, 2~3분</td></tr>
<tr><td rowspan="2">건조조건</td><td>바스켓 처리</td><td rowspan="2">80℃, 20분</td><td>80~150℃, 3분이상</td></tr>
<tr><td>랙크 처리</td><td>80~120℃, 10분이상</td></tr>
</table>

(9) 아연 도금용 3가 크로메이트 마무리제의 구비조건

- 마무리제의 사용은 3가 크로메이트 피막의 종합마찰계수·토크계수를 저하시킬 수 있으므로 사용에 주의를 요한다.
- 일련의 공정 내에서 마무리 처리로서 사용이 가능해야 한다.
- 3가 크로메이트 피막의 내식성을 손상시키지 않아야 한다.

[표 8.14] 아연도금용 3가 크로메이트 마무리제의 처리조건

농도 (g/L)	온도 (℃)	시간 (초)	처리조
1~15	30~40	5~20	염화비닐 또는 FRP, 스테인레스 조

(10) 주석-아연 합금도금용 무색 3가 크로메이트 처리액의 조성과 구비조건

- 이 합금 도금은 피막중의 Zn이 적어 크로메이트 처리 후 외관이 Zn계 합금에서 가장 나쁘다.
- 유색 크로메이트 처리만 가능하다.
- 크로메이트 액 및 피막에 6가 크롬이 함유되어 있지 않고 색조는 무색 또는 매우 엷은 담황색이다.

[표 8.15] 주석-아연 합금도금용 무색3가 크로메이트 처리액의 처리조건

	첨가제 (g/L)	농도 (g/L)	온도(℃) 시간(초)	pH
크로메이트액의 성분	염화크롬(30~60) 질산소다(80~100) 마론산(20~40)	90~110	50~70 40~80	1.5~2.5
건조	60℃, 10분			
교반	에어 브로워 또는 처리물 요동에 의한 약한교반			
조재질	염화비닐 또는 염화라이닝			

(11) 아연-니켈 합금도금용 흑색 3가 크로메이트 처리액의 조성과 구비조건

- 처리액 및 피막 중에 6가 크롬이 함유되어 있지 않아야 한다.
- 아연-니켈 합금도금의 내식성을 향상에 기여해야 한다.
- 고온 환경에서 내식성에 우수하면 아주 좋다.
- 사용농도 및 온도의 범위가 넓어 관리가 용이하여야 한다.

[표 8.16] 아연-니켈 합금도금용 흑색3가 크로메이트 처리액의 처리조건

	첨가제 (g/L)	농도 (g/L)	온도(℃)	시간(초)
크로메이트액의 성분	질산크롬(10~15) 염화크롬(10~20) 옥살산(10~15)	100~200	20~30	40~80
교반	화성처리 : 강한교반, 마무리 : 약교반			
건조	80~100℃, 20분 이상			

(12) 아연-니켈 합금도금용 무색 3가 크로메이트제

- 처리액 및 화성피막 중에 6가 크롬이 함유되어 있지 않아야 한다.
- 상온에서 사용이 가능해야 하며, 일반 내식성은 피막 녹 발생시간이 길어야 한다.

[표 8.17] 아연-니켈 합금도금용 무색3가 크로메이트 처리액의 처리조건

	처리제 (g/L)	농도 (g/L)	pH	온도 (℃)	처리시간
크로메이트액의 성분	중크롬산나트륨(150) 질산(3~5) 황산(10~15)	15~100	2.0~3.0	50~70	30~90
교반	화성처리 : 강한교반, 마무리 : 약교반				
건조	80~100℃, 20분 이상				

[표 8.18] 일반적인 크로메이트 조성의 예

예1		예2		예3	
성분	중량 (g/L)	성분	중량 (g/L)	성분	중량 (g/L)
염화크롬		염화크롬	50	질산크롬	10
질산소다					
불화소다		질산소다	100	염화크롬	15
질산코발트					
구연산		마론산	30	옥살산	10
pH	2.5	pH	2.0	pH	2.0
온도	60~90℃	온도	60℃	온도	60℃
시간	약30초	시간	60초	시간	40초

[표 8.19] 각종 크로메이트 처리액의 조성

성분 (g/L)	저농도 광택	고농도 광택	저농도 유색	고농도 유색	흑색	농녹색
무수크롬산	10	150~200		150~200	40~45	
중크롬산소다			5~10			20~50
황산	5	10~15	0.3~0.7	2~5		5~15
황산나트륨				20~30	40~45	
질산	30~40	10~20	2~4	20~30		
아세트산		10~20	1~2	10~20		
옥살산	20					
산성불화합물	1~2					
질산은					0.5~1.5	
기타 첨가제						약간

8.2.13 아연도금 크로메이트 처리의 불량대책

- 정상적으로 표면에 형성된 겔은 부드럽기 때문에 작업 시 주의가 필요하다.
- 수소취성을 방지하기 위해 열처리가 필요하다면 크로메이트 코팅 이전에 한다.
- 열탕에 침적 또는 장시간 물에 담그면 피막이 팽창되어 6가 크롬이 추출되어 내식성이 없어진다.
- 크로메이트 층에 65℃ 이상의 열이 가해지면 코팅피막에서 탈수작용이 일어나 피막이 파괴된다.
- 다른 금속(구리나 납)들이 공동석출 되면 크로메이트 층의 조직이 파괴될 가능성이 높다.
- 크로메이트 코팅을 하기 이전에 피처리 금속 표면에 잔류하는 도금용액을 완전히 제거하거나 중화시켜야 한다.
- 크로메이트 코팅 용액은 작업자의 경험을 통해 조절법을 잘 익혀 적절히 유지 관리해야 한다.
- 크로메이트 코팅 후 표면세척을 잘 해야 한다.
- 무지개 빛깔이 나오지 않게 하려면 수산화나트륨이나 탄산나트륨으로 표백한다.
- 도금 후 즉시 크로메이트 처리를 할 수 없는 경우에는 보관 후 크로메이트 처리하기 전에 알칼리 탈지와 산 침지를 하여 표면을 활성화시킨다.

[표 8.20] 아연도금 크로메이트 처리시 불량 및 대책

불량상황	원인 및 대책
코팅이 되지않음	크롬산염이 부족하거나 pH가 낮음
눈물방울 모양이 나타남	이송시간 초과(25초 이내로 조절함)
밝은 청색에서 백색으로 됨	침적시간이 너무 길거나 크롬산염의 농도가 너무 높음
청동빛이 닳아 없어짐	침적시간이 너무 길거나 pH가 너무 낮음
무지개 빛 또는 밝은 청색	침적시간이 너무 길거나 교반부족
아연이나 카드뮴 피막이 벗겨짐	도금 두께 부족, 침적시간이 너무 길거나 온도가 높음
박은 청색에 구름낀 현상	온도가 높음
밝은 청색이 어둡게 보임	온도가 낮음
청동 빛 피막의 밀착이 나쁨	온도가 높음
피막이 탈수됨	건조온도가 높음(70℃이상)
내식성이 나쁨	건조온도가 높음(70℃이상)

8.3 알루미늄(Al)의 크로메이트 처리

알루미늄(Al)은 공기 중에서 표면상에 천연의 산화피막을 형성해 Al의 모재 자체를보호하며, 공기 중에서 생성되는 자연 산화피막(Al_2O_3)은 특별한 경우 외에는 두껍지 않다. 전해연마에 의해 Al의 표면상에 에칭 면이 형성되어 도장의 밀착성을 극대화하므로 내식성을 요하는 곳이나, 도장의 하지용으로 최적이다. 도료의 밀착성을 향상하기 위한 곳에는 인공적으로 양극산화 처리나 화학피막 처리를 한다. 미국에서 개발하여 선진국에서는 이미 공업규격화하여 도장의 하지용으로 널리 사용된다.

[표 8.21] 알루미늄 크로메이트 처리제의 종류 및 조성

제품명	용도 및 특징	적용소재	관리방법
Iridite NCP	비크롬 알루미늄 치환코팅	알루미늄	농도 : 4.0~6.0% 온도 : 21~49℃ 침적시간 : 3~10분 pH : 3.5~5.5
Iridite NCP Pre Paint	비크롬 알루미늄 치환코팅 (도장 하지용)	알루미늄	농도 : 30~40 g/Lt 온도 : 30~40℃ 침적시간 : 3~5분 pH : 3.5~5.0
SC200	친환경 3가 크로메이트	알루미늄	50~100(60) Lt
SS-CLT 350	3가 알루미늄 크로메이트	알루미늄	농도 : 18~22% 작업온도 : 50~55℃ pH : 3.7~4.2
Iridite 14-2	내식성 우수, 도장 하지용, No-CN, MIL Spec적합	알루미늄	농도 : 5.6~17 g/Lt 작업온도 : 16~38℃ pH : 1.6~1.9

Al의 화학적인 반응을 이용하여 화성피막(Al_2O_3)을 얻는 처리방법으로 내식성 향상을 위해 Al 소지상에 단독으로도 하고 아연 및 카드늄 도금의 후처리로도 실시된다. 도장하기 전에 예비탈지 없이 도장이 가능하므로 전처리 공정을 줄일 수 있어 경제적인 이점이 있다.

KS규격에 Al을 사용하여 도장 처리하는 제품에는 반드시 크로메이트를 하도록 명시되어 있다.

8.3.1 알루미늄 크로메이트 처리의 특성

1935년 미국에서 개발되었고, 원래는 아연도금과 내식성을 향상시키기 위해 적용되어 카드뮴도금 대신 사용하게 되었다. 이 크로메이트 처리는 아연도금 및 카드뮴 도금후의 후처리(내식성향상)로 사용되기도 하며, 알루미늄 소지상에 단독처리(내식성 향상)하기도 한다.

- 전해에 의한 산화피막은 강한 부도체지만 화성피막은 도전성이 양호한 전도체이다.
- 내마모성은 약한 반면 내식성은 아주 양호하다.
- 외관이 아름답고(백색, 연두색, 무지개색, 노랑색, 암갈색까지) 염색이 가능하다.
- 지문 등의 더러움이 타지 않는다.
- 전도성 부여 및 내식성 피막형성으로 전기부품 접촉부에 좋은 효과를 가져다준다.
- 화성피막의 두께(5~200 mg/ft^2)까지 피막량을 조정할 수 있다.
- 피막기증은 약 0.25 ㎛ 정도 두께의 얇고 불활성인 산화피막이다.
- 피막이 닳은 부분에서 자기 치유성을 가지며 박편(도금 층)없이 피막이 형성된다.
- 화학적인 처리방법을 선택하므로 형상이 복잡한 구조물에도 처리가 용이하다.
- 전해 피막처리에 비교해 대량생산이 가능하고 비용이 저렴하다.
- Al을 이용한 상품의 내구성을 향상시키고, 상품의 가치를 높이는데 기여한다.

[표 8.22] 여러 가지 Process의 특성

Process	내식성	내마모성	색상	도장밀착성	피막두께
베마이트 (Boehmite)	◎	○	White	○	0.05~0.3 ㎛
크로메이트 (Chromate)	○	△	Yellow, White	◎	0.2~0.5 ㎛

- 베마이트 : 알루미나 수화물의 일종
- 기호구분 : ◎ 대단히 양호, ○ 양호, △ 중

8.3.2 알루미늄 크로메이트 처리제

(1) Zr이 주성분인 NON-Cr 크로메이트 처리제

1) 처리제의 특징

- ELV, RoHS와 WEEE 규정에 적합하도록 개발된 비크롬 부동태 피막을 형성하는 약품이다.

- 납, 카드늄, 크롬(6가, 3가), 수은, PBB, PBDE화합물을 함유하지 않는다.
- 알루미늄과 알루미늄 합금에 내식성의 치환피막을 형성하는 친환경적인 공정이다.
- 피막은 최종 내식성 마무리 피막으로도 사용이 가능하다.
- 도장하지용, 고성능 topcoat, 분체도장, 락커나 고무의 하지용으로 사용될 수도 있다.

2) 공정

탈지공정은 일반적인 적용에 대한 것이고 특수한 작업에 대해서는 개선 및 조합을 해야 한다.

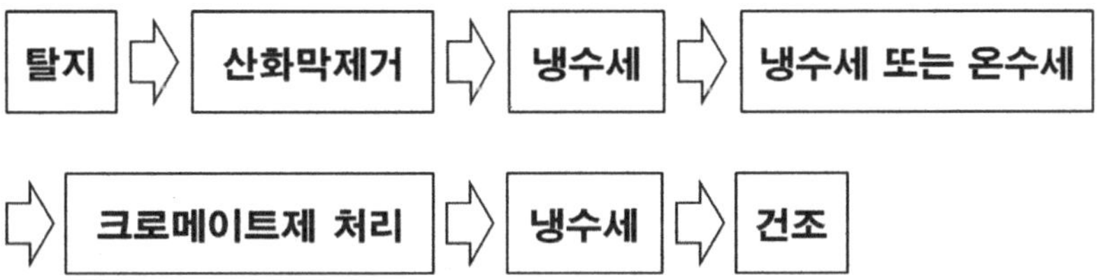

〈그림 8-4〉 알루미늄 크로메이트 공정

- 이 크로메이트 처리제는 Start용과 일반 2가지 약품으로 구성되어 있다.
- Start는 건욕용으로 사용하면 우수한 내식성의 피막을 형성하며 시운전이 필요 없다.
- 일반용은 작업범위가 매우 넓으며, 보충용으로 사용된다.
- 농도를 적당히 조절하여 침적시간, 원하는 내식성과 처리할 합금에 있어 다양한 변화를 줄 수 있다.
- 알루미늄 합금의 제조방법과 종류, 표면 오염의 종류와 정도, 처리된 표면의 필요한 외관과 사용가능한 설비 등이 주요한 고려 사항이다.
- 1000, 3000, 5000 계열의 전신재 알루미늄 합금의 일반적인 침적처리 공정은 Isoprep 49L : 10%, 5분, 70℃ → 냉수세 1분 → ALUCLEAN 245 : 5%, 5분, 49℃ → 냉수세 1분 → Isoprep 184 : 10%, 2분, 27℃ → 냉수세 1분 → 냉수세 1분** → 크로메이트 처리제 : 5%, 5분, 32℃ → DI수세 1분 → 건조

* 냉수세 1분** : 액 성능과 수명을 감소시키는 drag-in(묻어 들어가는 양)을 줄이기 위해서는 2단 냉수세는 필수적이다.(가능하다면 3단 수세도 필요)

- 356과 같은 캐스팅 합금의 일반적인 침적 처리 공정은 Isoprep 44L-ND : 10%, 5분, 71℃ → 냉수세 1분 → Isoprep 184 : 20%, 2분, 27℃ → 냉수세 1분 → 온수세, 43℃ ~ 49℃, 1분* → 크로메이트 처리제 : 5%, 32℃, 5분 → DI수세 1분 → 건조

* 온수세, 43℃ ~ 49℃, 1분* : 온수세는 대부분의 캐스팅 표면에 존재하는 기공의 염화물을 제거하기 위해 추천한다.

3) 특징

- 유해한 6가 크롬과 3가 크롬 사용을 배제한다.
- ASTM B 117에 의거한 내식성 실험에서 종래의 크로메이트와 유사한 내식성을 가진다.
- Class 3 코팅을 위한 전기접촉저항에 대해 MIL-C 5541 사양을 통과해야 한다.
- 처리시간, 온도와 농도의 작업범위가 넓다.
- ASTM D 3359에 의거한 실험에서 프라이머, 도장하지용 또는 다음 공정인 유기코팅처리에 우수하다.
- Topcoat 처리 전에 숙성이나 양생이 필요 없다.
- 처리한 제품을 베이킹 처리해도 기존의 황색 크로메이트처럼 피막에 영향을 주지 않는다.
- 이 처리제로 처리한 알루미늄은 뜨거운 물로 수세해도 코팅의 내식성이 저하되지 않는다.
- 다른 크로메이트와 비교하여 폐수 처리비용이 절감된다.

4) 장비

- 탱크 : 폴리에틸렌, 코로식 또는 유사 재질로 라이닝 된 연강. 304와 316 계열의 스테인레스 스틸도 사용 가능하다.
- 히팅 : 테프론 코팅된 히터를 사용한다.

- 교반 : 약품 투입 후 혼합하는 경우를 제외하고는 교반을 하지 않는다. 공기 교반은 작업 시 절대로 하지 말 것.
- 배기 : 적당한 국부 배기설비 필요하다.

5) 건욕 및 작업 조건

- 탱크의 3/4를 물로 채운다.
- 섞어주면서 Iridite NCP Start를 필요한 만큼 넣는다.
- 나머지 작업 수위까지 물을 넣는다.
- 작업온도로 가열 또는 냉각한다.
- 크로메이트 처리제 4.0~6.0 %v/v, 온도 21~49℃, 침적시간 3~10분, pH 3.5~5.5.

6) pH 액 관리

- 액 관리의 가장 중요한 항목이다.
- 극단적인 경우, pH가 너무 높으면 침전이 발생하고, 반대로 너무 낮으면 전혀 코팅이 되지 않는다.
- 작업액의 pH를 4.0 ~ 5.5의 범위로 유지하기 위해 보충되는 약품이다.
- 일반적으로 신액은 pH가 거의 3.5이고 작업을 할수록 pH는 올라간다.
- 만약 산이 묻어 들어가면 pH를 올려주는데 암모니아수만 사용해야 한다.
- 습식 적정법은 액 관리를 위해 사용한다.
- 이 크로메이트 처리제는 불소를 포함하므로 pH 전극을 측정하는 이외에는 용액에 담그지 않는다.
- pH 범위가 0~6.0인 pH 페이퍼를 사용해도 된다.

7) 총 산도 및 활성도

- 작업액 50 ml를 피펫으로 취하여 삼각 플라스크에 넣는다.
- 페놀프탈레인 3~5 방울을 넣는다.

- 0.1N-NaOH로 희미한 핑크색이 나타날 때까지 적정하는데 이 핑크색은 최소한 15초 유지되어야 하며 이 값을 총산도로 기록한다.
- 위의 총산도를 분석한 용액의 핑크색이 사라질 때까지 충분한 양의 0.1N-황산을 첨가하는데 과량의 첨가를 방지하기 위해 한 방울씩 넣는다.
- 포화 붕산 용액 40 ml와 알콜 40 ml, 염화칼륨(KCl) 8 g을 첨가한다.
- 염화칼륨이 완전히 용해되도록 잘 혼합한다. 용해가 잘되고 반응을 촉진시키기 위해 약하게 가열한다.
- 브롬페놀 블루 지시약을 4~6방울 넣는다.
- 분명한 노란색이 나타나도록 0.1N-황산으로 적정하면 색상은 파란색에서 녹색이나 노란색으로 변하는데 이 값을 B로 기록한다.
- 크로메이트 처리제의 활성도 % = 0.1N-황산 소모량(B) - Blank 값
- Blank 값은 DI수 50ml를 위의 방법대로 분석하여 측정하는데 활성도 %를 계산하기 위해서는 B값에서 Blank 값을 뺀다.
- Blank 값은 분석에 사용되는 시약을 교체하는 경우마다 측정해야 하며 지시약은 제외된다.
- 총산도와 활성도의 비율은 액 상태를 나타내는 좋은 항목이며, 신액의 경우 이 값은 약 0.9를 나타낸다.
- 신액 5% 용액은 총산도가 약 9.0을 나타내고, 활성은 10.0을 나타낸다.
- 비율은 액이 노화됨에 따라 변하지만, 액 농도가 유지되고 묻어 들어오는 양과 묻어나가는 양이 최소인 경우에 비교적 상대적으로 일정한 값을 나타낸다.
- 만약 산화막제거 공정의 산이 묻어 들어오면 이 비율은 증가되며 이때는 크로메이트 처리제의 보충이 부족해지기 때문에 활성도가 감소한다.
- 최대의 내식성을 얻기 위해서는 크로메이트 처리제를 처리하기 전에 수세가 필수적이다.

8) 액 농도 관리

신액 건욕 시 농도가 정상적인지 확인하는 절차로 노후 액에서는 사용하지 않는다.

- 작업 액 100 ml를 피펫으로 취하여 삼각 플라스크에 넣는다.
- 메틸레드-브롬크레졸 그린 지시약을 3~6방울을 넣는다.
- 색상이 붉은색이면 pH는 4.5이하로 정상이고, 녹색이면 크로메이트 시약으로 녹색에서 붉은색으로 변할 때까지 적정한다.
- 붉은색으로 변화시키는데 소모된 크로메이트 시약의 양은 작업 pH범위의 중간이나 하위부분으로 제품을 조절하는데 필요한 크로메이트 처리제의 양(% v/v)이다.
- 만약 녹색에서 붉은색으로 변화시키는데 1.5 ml가 소모되었다면, 원하는 pH 범위로 조절하기 위해서는 크로메이트 처리제를 1.5%(v/v) 첨가해야 한다.

9) 일반적인 탈지 방법

- 균일하게 탈지된 표면은 알루미늄과 알루미늄 합금상에 처리되는 표면 처리의 우수한 밀착력과 피복력을 얻기 위해서 가장 중요하다.
- 표면 오염은 기름, 그리스, 성형과 연마 윤활유 등과 같은 유기 오염물, 일반적인 무기 오염과 그리스 피막에 느슨하게 부착된 연마제, 산화물 등이 있다.
- 탈지에는 3가지 일반적인 방법이 있다.

① 용제탈지는 증기, 그리스 제거, 용제 세척, 용제 에멀젼 탈지는 치밀하지 않은 입자를 제거하고 균일한 적은 정도의 유기 오염물을 감소시킨다.

② 알칼리 탈지는 유기 오염물을 제거하며 효과는 수세 후 작업에 묻은 물이 흩어지지 않음으로 나타나며, 사틴도금 표면의 단조합금을 처리하려면 에칭을 한다. 캐스팅 제품은 크로메이트 처리제 피막의 내식성이 감소되기 때문에 에칭되는 알칼리 탈지를 사용하지 않는다.

③ 산화막제거/디스머트는 표면의 금속산화물과 스머트를 제거하는 정으로 표면을 화학적으로 깨끗하게 하고 크로메이트 처리에 적합하다.

10) 처리 전 수세 및 l처리 후 수세

- 산이나 알칼리의 묻어 들어오는 양은 크로메이트 처리액에 악영향을 미친다.
- 탈지와 크로메이트 공정 사이의 수세는 특히 철저하게 해야 한다.
- 흐르는 물 수세나 스프레이 수세가 적당하다.

- 처리 후 수세는 반응하지 않은 성분을 씻어내기 위해 처리한다.
- 처리 후의 수세는 모두 DI수세를 추천한다.

11) 최종 온수세 및 건조

- 최종 깨끗한 온수세는 건조를 쉽게하기 위해 필요하다.
- 이것은 피막의 내식성에 영향을 주지 않는다. DI수세를 추천한다.
- 건조는 공기 블라스트, 원심 건조기나 온풍 건조 등으로 처리한다.

12) 피막 박리 절차

- 적절한 농도의 박리제에 5분간 침적하여 박리한다.
- 피막이 제거될 때까지 박리한다.
- 과도한 침적 시간은 재처리 후 내식성이 감소된다.
- 진한 질산으로 피막을 박리할 수 있지만 전용 박리제로 처리할 때보다 내식성이 떨어진다.

(2) ALUTECH 12

1) 개요

- 알루미늄 및 알루미늄 합금 크로메이트제 이다.
- 무지개 색상에서 황금색의 피막을 얻을 수 있다.
- 도장전이나 도장 후에 우수한 내식성을 얻을 수 있게 하여준다.
- 도장 시 우수한 부착력을 갖게 하여준다.
- 침적 또는 스프레이로 적용이 가능하다.

2) 특징

- 장식용 또는 내부식용 크로메이트시 MIL-C-5541과 BS 6496에 적합하다.
- 도장 후 부착력 TEST 규격 MIL-C-5541B와 BS6496에 적합하다.

- 40℃에서 작업 시 피막의 두께는 온도의 영향을 받으므로 일정한 피막을 얻기 위해서는 온도 조절이 필요하다.

3) 사용방법

- 농도

  ALUTECH 12 : 6~10 g/L

  ALUTECH ACCELERATOR : 0.6~1.0 g/L
- 온도 및 시간 : R/T 40℃, 2~5분
- pH : 1.5~1.9

4) 건욕방법(침적식 처리시)

- 탱크의 2/3정도를 물로 채운다.
- 8 g/L의 ALUTECH 12를 잘 저어주면서 넣는다.
- 0.64 g/L의 ALUTECH ACCELERATOR를 넣는다.
- 작업온도를 약 40℃로 맞춘다.
- 피막의 두께에 따라 2~5분 정도 처리한다.

5) 용액 관리

노화된 용액은 반응시간이 길어지므로 ALUTECH 12와 ACCELERATOR를 보충하여 농도를 약 1~4% 범위 내에서 관리하여야 한다.

6) 침전식 피막처리 방법

- 알루미늄은 반응성이 강한 금속이므로 피막중량, 내식성, 색상 및 피막의 외관은 전처리 공정과 ALUTECH 12와 ACCELERATOR의 농도, 온도와 침적 시간에 의해 결정된다.
- 탈지 및 엣칭은 ALUTECH나 탈지와 엣칭을 동시에 처리하는 제품을 사용
- 수세는 순수세를 실시하는데 온도는 55℃ 이하로 관리해야 한다. 온도가 높을경우 크로메이트 피막이 제거될 우려가 있다.

- ALUTECH 12 처리에서 우수한 내식성 및 부착력을 얻기 위해서는 크로메이트 피막중량이 11~22 mg/dm^2 정도가 적당하다.
- 피막의 색상은 무지개빛 금색이나 갈색을 갖는다.
- 건조는 65℃ 이하로 하며, 완전히 경화될 때까지 만지지 말아야 한다.

7) 건욕방법(스프레이식 처리시)

- 탱크의 2/3를 깨끗한 물로 채운다.
- 용액을 저으면서 ALUTECH 12 10 g/L 첨가한다.
- ALUTECH ACCELERATOR 0,8 g/L 첨가한다.
- 작업온도를 40℃로 맞춘다.
- 탱크의 수위를 작업 수위까지 맞춘다.

8.3.3 알루미늄 크로메이트 처리의 불량대책

알루미늄의 크로메이트 처리시 균일한 크로메이트 피막의 색상 및 막중량을 얻기 위해서는 크로메이트 처리용액을 잘 관리해야 하는데, 이때 주의해야할 요소들은 아래와 같다.

- 알루미늄 성분 : 여러 종류의 알루미늄 합금 크로메이트 처리할 수 있으며 이 경우 합금 성분에 따라 약간 색상이 다를 수 있다.
- 전처리(탈지) : 균일한 크로메이트 피막을 얻기 위해서는 전처리가 중요하며 이는 탈지, 엣칭 그리고 중화를 하여 얻어진다.
- 시간 : 시간을 길게 하면 피막 중량은 늘고 색상도 점점 어두운 색상이 된다.
- 온도 : 모든 화학 반응에서 온도를 매우 중요 하며 처리제의 적당한 처리 온도는 약 40℃이다. 만약, 온도가 변할 경우 균일한 피막을 얻기 위해서는 처리시간이 상응하게 변해야 한다.
- 농도 : 처리제의 농도가 증가하게 되면 피막 중량은 이에 비례하게 증가한다.
- 촉진제 : 균일한 피막을 얻기 위해서는 촉진제의 농도를 일정하게 관리해야 한다.

- 보충방법 : 크로메이트 피막제의 농도를 0.5%(v/v) 상승시키기 위해서는 처리제를 5 g/L, ACCELERATOR를 0.4 g/L 첨가해야 한다.
- pH : pH는 1.5~1.9로 관리해야 하며, pH가 낮을 경우에는 피막이 너무 연해지며 pH가 높을 경우에는 피막이 결정상이 된다.

8.4 마그네슘(Mg)-NON Chromate 화성처리

마그네슘 합금은 비중 1.74로 알루미늄 합금의 2/3, 철강의 1/4, 아연합금의 1/3과 같이 지구상에서 존재하는 실용금속 중에서 가장 비중이 가볍고, 비강도가 크고, 주조성, 절삭성, 치수안정성, 찍힘에 대한 내구성 등에 매우 우수한 특성을 가지고 있다.

마그네슘은 경량화가 요구되는 자동차 부품, 통신부품, 전자부품, 컴퓨터, 휴대폰, 스포츠용품 등의 소재로 널리 활용되고 있다. 그러나 마그네슘 합금은 실용 금속 중 공기중에서 가장 부식하기 쉬운 금속으로 구성되어 있기 때문에 방청을 위해 표면처리가 불가피하다.

마그네슘 합금의 방청처리의 많은 방법들은 모두 크롬산염이 사용되고 있다. 크롬산은 그 유해성, 작업환경, 폐수 등의 규제가 오래전부터 시행되었으며, 크롬산염이나 중금속을 포함하지 않는 화성처리법을 검토하게 되었다. Chromate법을 능가하는 내식성과 도장 부착성이 뛰어난 Non-Chromate 화성처리를 하게 되는데, 다음과 같은 특징이 있다.

- 처리액에 환경에 유해한 크롬산을 전혀 사용하지 않는다.
- 내식성이 Chromate에 비하여 띄어나다.
- 전자, 통신부품에 대하여 저항값을 만족시킨다.
- 도장의 부착성이 우수하다.
- 처리하는데 비용이 낮다.
- 처리 지그(JIG)에 특수한 금속을 필요로 하지 않는다.
- 배수 및 폐수처리가 수월하다.

9장

유기피막 처리

표면처리 산업에서 후처리는 도금 후의 또 다른 처리 방법을 포괄적으로 말한다. 니켈-크롬 도금 후의 건조방법도 후처리의 일종이고, 아연도금 후 내식성을 증가하기 위해 실시하는 크로메이트 처리도 후처리라고 할 수 있고, 수세 후 얼룩 방지를 위한 처리도 후처리의 한 방법이다. 더불어 변색 방지를 목적으로 한 도금 후 유기피막 처리와 도장(투명 락커 등)도 후처리에 해당한다.

유기피막이란 약품이나 공기 때문에 생기는 금속의 표면부식을 막기위하여 입히는 유기물질로서 주로 락커를 말한다. 변색방지에는 주석도금, 은도금, 동도금의 후처리 등이 있다. 금속의 변색방지를 목적으로 금속의 착색을 실시하는데, 착색방법에 따라 화학적, 전기적, 도장에 의한 방법 등이 있다.

- 화학적 방법 : 약품에 의한 산화물, 황화물, 착화합물 등의 얇은 피막을 만드는 방법, 가열에 의해 산화물이나 질화물 피막을 만드는 방법, 금속증기 등의 확산에 의해 합금층을 만드는 방법 등이 있다.
- 전기적 방법 : 도금을 하는 방법, 양극산화처리를 하는 방법, 전해에 의한 산화물이나 황화물을 침착시키는 방법 등이 있다.

이상의 조합에서 도금을 한 후 전착도장을 하는 등 금속 착색의 수법은 종류가 많다. 따라서 내구성을 높이기 위해 에폭시, 우레탄, 아크릴 또는 락커 등의 방법으로 도금 후 코팅처리 하여 내구성을 향상시키는데 이 모두는 화성처리의 일종이다.

9.1 금속의 방식

금속의 방식에는 부식으로부터 근원을 완전히 제거 또는 제어하는 방법도 있다. 그러나 이는 근본적으로 매우 힘든 방법이므로 대부분의 경우 방식을 목적으로 부식성 환경과 격리시키는데 이때 쓰이는 방법으로는 유기용매를 도장하는 방법과 표면피복을 하는 방법이 있다.

유기용매 도장은 도막형성을 위한 것으로 도료에는 다음과 같은 것들이 많이 쓰인다.

- 유성 방청도료 : 보일유, 합성건성유, 유성니스 등을 피막형성 요소로 한 것
- 비튜멘(bitumen)도료 : 아스팔트, 콜타르를 주로 한 것

또한, 내식성 피막을 입히는 방법으로는 다음과 같은 방법들이 쓰인다.

- 화학적으로 화합물 피막을 금속표면에 만들어 주는 방법
- 법랑이나 고무, 플라스틱 코팅을 해주는 방법
- 녹 억제제를 사용하는 방법

이와 같은 작업을 하기 전에 우선적으로 해야 할 일이 전처리인데, 이는 유기용제나 알카리로 탈지를 하고 녹을 무기산(황산, 염산 등)으로 제거한 다음 도장이나 피복하여야 밀착도 좋고, 훌륭한 방청효과를 얻을 수 있다. 만일 녹이 있는 곳에 도장을 하면 이 녹이 도장이나 피복 밑에서 계속 진행되어 피막을 들고 일어나 외부로 노출되면서 번져간다. 따라서 유기도장이나 기타 피복에서도 전처리는 매우 중요하다.

9.2 금속의 도금 첨가제, 부식 및 변색 방지제

9.2.1 주석(Sn)도금 변색 및 부식방지 반광택제

(1) 개요

- 반광택의 주석과 주석 납합금 도금을 하는데 있어서 균일하고 깨끗한 도금을 할 수 있는 1액성의 첨가제로써 사용이 편리하다.
- 납땜성이 우수하여 각종 전기, 전자부품의 도금에 적합하다.
- 온도범위가 넓고, 특히 고온 작업 시에도 첨가제의 소모가 많아지지 않는다.
- 배럴 정지욕, 릴투릴 어느 작업조건에서도 작업이 가능하다.
- 4가 주석으로 산화되는 것을 방지하므로 장시간 사용하여도 액의 노화가 늦다.

(2) 사용공정

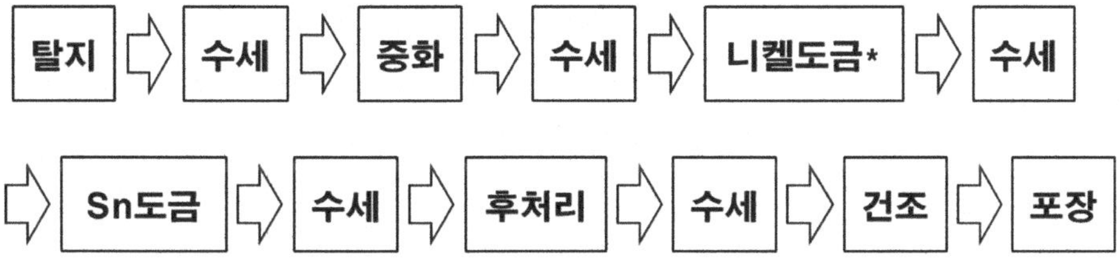

〈그림 9-1〉 주석도금 변색방지공정

(*니켈도금 : 인청동외의 금속 및 도금사양에 준함)

(3) 작업조건

[표 9.1] 유산석 도금액의 건욕 및 조성표

작업조건	사용범위	최적조건
유산(황산시약)(g/L)	20 ~ 50	배럴 : 25, 정지욕 : 35
유산(황산시약)(g/L)	60 ~ 120	100
첨가제(g/L)	10 ~ 20	15
사용온도(℃)	20 ~ 35	30
음극 전류 밀도(A/dm^2)	0.5 ~ 10	0.5 ~ 10

[표 9.2] 유기산 도금액의 건욕 및 조성표

작업조건	배럴 욕	정지 욕	고속도금 욕(릴투릴)
유기산석(금속분 30%)	35 ~ 45	45 ~ 60	60 ~ 100
유기산(g/L)	100 ~ 120	100 ~ 140	150 ~ 200
첨가제(g/L)	10 ~ 20	10 ~ 20	10 ~ 20
온도(℃)	20 ~ 35	20 ~ 35	20 ~ 35
음극 전류밀도(A/dm^2)	1 ~ 10	1 ~ 10	1 ~ 10

9.2.2 니켈(Ni), 주석(Sn) 도금 및 쏠더 디핑 후 변색방지제

니켈, 주석도금 또는 주석 납합금 도금(땜납) 후 또한 쏠더 디핑 후의 납땜성이 가장 중요시 되는 제품에 장시간 보관하는 중에 제품의 산화로 인하여 납땜이 되지않는 원인과 부식이 되는 원인을 방지하기 위한 제품이 개발되고 있다.

(1) 개요

- 과거에는 변색을 방지하기 위하여 크롬계통의 유해 화학물질을 사용하였다.
- 이 방법은 변색방지 효과는 있으나 납땜이 되지 않는 단점이 있다.
- 이 약품은 크롬계통의 중금속을 함유하지 않고 있다.
- 한 번의 처리로 장시간 보관 후에도 변색되지 않는다.
- 납땜성 또한 우수하며 인성분의 화합물 또한 전혀 함유하지 않아 환경문제에도 크게 기여하는 제품이라 할 수 있다.
- 또한 내식성이 우수하여 기존의 염수분무 시험에도 탁월한 효과를 발휘한다.
- 수절효과가 뛰어나서 제품의 건조시의 얼룩이 발생되지 않는다.
- 기타 니켈도금이나 어떠한 도금의 수절제*로도 효과적인 사용이 가능하다.

* 수절제 : 도금의 마지막 수세과정에서 도금표면에 묻어있는 수분을 빠른시간내에 제거하여 건조에 의한 얼룩방지를 목적으로 한다.

(2) 적용 가능분야

- 전기, 전자 및 각종 산업용부품의 니켈도금 후처리용
- 전기 전자 부품의 주석도금 및 도금 후의 후처리용
- 전자부품의 쏠더 디핑 후의 후처리용

(3) 사용공정

니켈, 석 도금 또는 쏠더 디핑 ⇨ 수세 ⇨ 침적 ⇨ 수세 ⇨ 건조

〈그림 9-2〉 니켈, 주석도금 변색방지 공정

(4) 건욕 및 작업조건

[표 9.3] 니켈, 주석 도금 변색방지제의 표준 사용조건

구분	조건	표준
변색 방지제(g/L)	3~10	5
온도(℃)	25~40	30
침적시간	10초~3분	1분이상

(5) 사용 시 유의사항

- 강산이나 강알칼리의 혼입은 액 노화의 원인이므로 억제하여야 한다.
- 연속 작업 시에는 원액을 보충하면서 사용해야 한다.
- 건욕량만큼의 원액이 보충 사용되었다면 신약으로 교환하여 제품의 품질을 안정시켜야 한다.
- 사용온도가 매우 중요하므로 유의해야 한다.
- 사용 전에 충분히 흔들어서 사용해야 한다.

9.2.3 주석도금 변색 방지용 후처리제

주석 및 주석합금도금 제품의 변색방지와 내식성 강화를 위한 제품으로 액의 우수한 안정성으로 균일한 품질유지를 기대할 수 있다.

(1) 특성

- 간편하고 짧은 시간의 침적만으로도 제품의 변색을 방지한다.
- 수회의 내열처리 후에도 변색방지 효과가 탁월하며, 솔더링에도 영향을 미치지 않는다.
- 처리 후에는 수절효과가 탁월하며, 제품의 얼룩방지에도 효과적이다.
- 폐수처리에 영향을 주는 인 화합물 및 중금속을 전혀 함유하지 않아 환경에 악영향을 미치지 않는다.

(2) 작업공정

주석 및 주석 합금 도금 ⇨ **수세** ⇨ **후처리제 침적** ⇨ **수세** ⇨ **건조 및 포장**

〈그림 9-3〉 주석도금 변색방지 공정

[표 9.4] 주석도금 변색 방지용 후처리제의 표준 및 최적 사용조건

구분	사용범위(g/L)	최적조건(g/L)	비고
후처리제	100 이상	100	
사용온도(℃)	25~40	상온	
처리시간(초)	10초 이상	10 이상	
pH	6 이하	6 이하	건욕시(10% 건욕시)
교반	여과기 교반	여과기 교반	

(3) 건욕 방법 및 유지관리

- 작업할 후처리조에 1/2가량의 증류수를 채운다.
- 후처리제를 처리조의 용량을 계산하여 투입한다.
- 순수를 처리조 용량의 적정선에 맞춰 채운 후 충분히 교반한다.
- 제품과 함께 제공되는 별도의 분석 방법으로 보충 및 유지관리한다.

9.2.4 은(Ag)도금 광택제

(1) 개요

- 은도금 광택제로 전류범위가 매우 넓은 것이 특징이다.
- 배럴 도금에서부터 고속도금욕에 이르기까지 광범위하게 사용이 가능하다.
- 특히 LED 리드 후레임의 gem수치 1.5이상 요구되는 고속광택 은도금에 매우 효과적으로 사용할 수 있다.

- 도금의 표면은 광택이 있는 경면도금이 되며 표면의 경도가 높아 잔 흠집이 나타나지 않는다.
- 도금 후의 납땜성이 우수하여 전기, 전자부품에도 폭 넓게 사용 가능하다.
- 경도(Hv150)가 요구되는 악세사리 또는 양식기류의 은도금에도 적합하다.
- 광택제의 성분으로 안티몬, 카드뮴 등의 무기금속을 전혀 함유하고 있지 않다.
- 보조광택제는 건욕용이고, 주광택제는 보충용으로 사용된다.

(2) 일반 도금액의 작업조건

- 양극 및 온도 : 은판, 18~30℃
- 음극 전류밀도 : 20℃ 1 A/dm^2, 30℃ 2.5 A/dm^2
- 양극 : 음극 비율 = 1 : 1
- pH : 12~12.5
- 여과 및 교반 : 연속 여과 방식, 음극진동(공기 교반 금지)

[표 9.5] 은도금액의 조성표(일반도금)

약품명	관리범위 (g/L)	관리표준 (배럴용)	관리표준 (고속용)
청화은	40~80	50	80
청화가리	100~140	120	140
탄산가리	0~10	0	0
가성가리	5~6	5	5
주광택제	10~20	10	15
보조 광택제	15~30	20	30

(3) 고속도금액의 작업조건

- 양극 및 온도 : 은판, 20~35℃
- 음극 전류밀도 : 1~8 A/dm^2
- 여과 및 교반 : 연속여과, 음극이동 및 액 순환
- 도금속도(건욕 시) : 1 $A/dm^2/min$에 0.63 ㎛
  또는 5 $A/dm^2/min$에 3.15 ㎛
- 은도금 두께와 gem의 수치 : 은도금 1 ㎛에 1.5 이상

(4) 유지관리

1) 주광택제

- 부족하면 전체적으로 광택이 저하되면서 고전류 부분이 취약하게 된다.
- 건욕 시 20 g/L를 유지해야 한다.
- gem의 수치가 1.5이상 요구되는 고속도금욕에는 최대 80g/l까지 사용한다.

2) 보조광택제

- 주광택제를 충분하게 첨가하여도 광택이 개선되지 않을 때 첨가하면 광택 개선 효과가 있다.
- 저전류 부분의 광택을 개선한다.
- 건욕 시 10 g/L를 유지한다.
- 고속도금욕에는 15 g/L까지 사용한다.

3) 청화가리(KCN)

- 부족하면 저전류 부분의 광택이 약해지면서 도금속도가 저하되는 원인이 된다.
- 랙크 방식의 도금에서는 Ag 농도가 40 g/L이상이 되도록 관리해야 한다.
- 고속도금에서는 Ag 농도를 70 g/L 이상이 되도록 관리한다.

[표 9.6] 고속도금액의 조성표(릴 도금 전용)

약품명	관리범위 (g/L)	관리표준 (g/L)
청화은	80~110	90
청화가리	180~220	190
가성가리	5~15	10
탄산가리	5~15	10
보조 광택제	10~20	15
주 광택제	40~60	50

4) 탄산가리

- 탄산가리는 전기전도와 밀착력을 증가시키는 역할을 한다.
- 광택의 저하와 구름 끼는 현상이 나타나는 원인이 되기도 한다.
- 고속도금욕에는 10 g/L 사용한다.

5) pH

- 12~13을 유지하며 도금을 해야 한다.
- 12 이하가 되면 도금액 1L에 대하여 가성가리(KOH)를 0.3 g을 첨가하면 약 0.1 상승한다.

6) 여과 및 교반

- 연속 여과를 한다.
- 활성탄 여과는 심하게 유기물로 오염된 경우에만 실시한다.
- 활성탄 여과 시에는 광택제가 다량으로 흡착되기 때문에 여과 후에는 반드시 처음 건욕 시에 준하여 광택제를 첨가한 후 작업한다.
- 교반 시 공기교반은 불필요 하며, 필요시에는 음극이동으로 한다.
- 음극이동 속도는 2~5 m/min이 적당하다.

9.2.5 은(Ag)도금 변색 방지제

(1) 조성

특수 ACLYLE MONOMA MELAMINE RESIN, NP-61, ZnO, H_3BO_3, ETOH, MT, PG, AQ THE ORDER.

(2) 사용조건 및 성상

[표 9.7] 은도금 변색 방지제의 사용조건

항목	특징
외관	유백색 액체
pH	7~8
SPgr	0.98 ± 0.02
인화성	없음
Thickness of the film	0.3~0.4 ㎛
Allowance of electric current	max : 99.9%, min : 99.6%

- 액 조성의 pH는 항상 7~8로 유지되도록 해야 한다.
- 액의 pH는 작업을 하지 않을 때는 변하지 않는다.
- 피처리물에 의해 이물질 유입으로 액의 pH가 변할 수 있으므로, 앞 공정에서 피처리물을 깨끗한 물로 충분히 수세해 주어야 한다.
- pH가 높거나 낮을 경우 좋은 피막이 형성될 수 없다.
- 액의 pH검사를 수시로 해야 되며, 액의 pH가 크게 변했을 경우 액 전체를 갱신 해야 된다.
- 특수 아크릴 모노라를 종합하여 자기 가교성을 가진 MELAMINE HIGH MOLECULAR COMPOUND 등 몇 종의 RESIN을 주성분으로 한 변색 방지제이다.

- 철, 비철의 방청성을 향상시켜 준다.
- 특히 은의 변색을 완전하게 방지시켜주고 COATING이 전도성이 뛰어나 전기, 전자 부품의 은도금 후에 변색방지를 위하여 널리 사용되고 있다.
- 내후성, 내염수성, 내수성, 내열성 및 내굽힘성이 우수하며, 광택이 우수하다.

(3) 기대효과

- 양호한 변색 방지효과가 기대된다.
- 피막이 무색투명하여 처리 후 광택에 변함이 없다.
- 처리 후 전기 전도도가 거의 변함없이 접촉저항이 양호하다.
- 도금 후 물이 묻은 상태 그대로 도포됨으로 건조 공정이 일단계 생략된다.
- 밀착성이 양호하다.

(4) 액의 관리

- 표준산도 (pH 7~8)로 유지될 수 있도록 하기 위해 pH 안정제가 첨가되어 있다.
- 수세 불충분으로 인해 산 또는 알칼리가 유입되지 않도록 유의해야 한다.
- 처리 후 소모된 양만큼 보충만하여 산도 변화 없이 항시 표준을 유지해야 한다.
- 그러나 작업량이 많을 경우 이물질 유입 등으로 액의 노화도가 빠를 수 있다.
- 이때는 신액을 교환 보급할 수 있는 작업표준화를 정해야 된다.
- 액의 교환 보충주기를 표준화하여 액의 조성치가 표준으로 유지되도록 한다.
- 액 관리에 만전을 기하여 많은 양의 원료가 못쓰게 되는 일이 없도록 주기적인 관리가 필요하다.

(5) 표면 필름의 성질

- 필름의 두께는 0.3~1.0 ㎛
- 전류 허용치는 MAX 99.9%, MIN 99.5%
- 염수분무시험(SALT-WATER 10%, 60℃ 24HR)

- 가열온도에 따른 내염수 성능(80℃ 24HR 침적 후 재 가열)
- 내열성 시험

[표 9.8] 변색방지제 사용 후 염수분무시험 결과표

농도	10%	15%	20%
변색방지제	양호	양호	양호

[표 9.9] 변색방지제 사용 후 내염수 성능 결과표

농도	120℃, 1HR	160℃, 1HR	200℃, 1HR
변색방지제	양호	양호	양호

[표 9.10] 변색방지제 사용 후 내열성 성능 결과표

농도	120℃	140℃	160℃	180℃
변색방지제	이상없음	이상없음	이상없음	이상없음

(6) 처리방법

- 피처리물을 깨끗하게 한 후(탈지) 에어 브로우 또는 건조시켜 수분을 어느 정도 제거한 후 변색 방지제 액에 약 1분 정도 침적 또는 도포한다.
- 액온은 상온에서 처리되지만 40℃ 정도에서 사용하면 부착은 더욱 용이하다.
- 처리 후 통상 상온에서 건조하거나 또는 70℃정도의 열풍순환으로 하면 건조효율의 향상과 양호한 표면을 얻을 수 있다.

(7) 기타

- 건조된 필름을 제거할 필요가 있은 경우 GRRIP-107 용액에 40분 정도 침적하면 깨끗이 제거된다.
- 변색방지제는 산, 알칼리 등의 약품과 접촉하면 특수 수지 성분이 분리 또는 응고됨으로 처리 전 유분, 오염물, 산, 알칼리 등을 완전히 제거하여 표면을 청결하게 한 후 처리해야 된다.
- 피처리물의 상태나 조건에 따라 고정개선이 가능하다.

9.2.6 은(Ag) 변색 제거제

(1) 변색 제거방법

- 변색제거제를 원액상태로 30℃~40℃까지 온도를 올린다.
- 변색된 은제품을 기름성분이 제거되도록 세제 등으로 탈지한다.
- 탈지된 제품을 변색제거제에 침적한 후(1분 이상 변색이 제거될 때 까지) 꺼내 깨끗한 물로 세척하면 된다.

(2) 변색제거 후 변색방지 처리방법

- 변색제거제로 은 변색제거 처리를 한 후에 재 변색방지 되지 않도록 처리하여야 한다.
- 만일 그래도 방치하면 빠른시간 내에 다시 은 표면은 변색이 된다.
- 이를 방지하기 위하여 변색방지제로 변색방지처리를 한다.
- 변색제거제 → 수세 → 변색방지제처리 → 수세 → 건조 → 완료
- 변색방지제의 처리조건
  - 변색방지제 : 물로 10% 희석(물:변색방지제=9:1)
  - 온도 : 45℃이상(최적온도 55℃)
  - 침적시간 : 1분이상

9.2.7 화학 은(Ag)도금 첨가제

(1) 개요

- 1액성의 약품으로 동 및 황동 소재위에 직접 화학 은(치환)도금을 필요로 하는 데 있어 문제가 되고 있는 도금의 얼룩과 거칠고 뿌옇게 되는 현상을 방지할 수 있다.
- 도금을 균일하게 하는 특징을 가진 제품이다.
- 화학 은도금을 사용할 수 있는 재질로써는 동(Cu), 황동(Cu + Zn)의 소재에 직접 화학 은도금을 할 수 있다.

(2) 처리공정 및 작업조건

치환도금이므로 도금시간을 길게 하여도 두께가 크게 높아지지 않는 것을 유의하여야 하며, 높은 온도에서는 다소 도금 두께가 증가되는 효과가 있다.

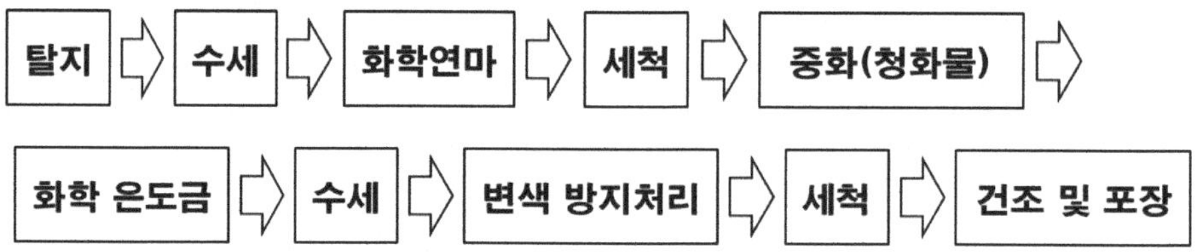

〈그림 9-4〉 은도금 첨가제 처리공정

[표 9.11] 화학 은도금 첨가제의 사용 설명

작업조건	사용범위 (g/L)	최적조건 (g/L)
청화가리	120~140	130
청화은	10~40	30
첨가제	10~30	20
온도(℃)	35~80	도금속도에 따라 온도조절
도금 작업속도	35℃ : 0.08~0.1 ㎛/min 60℃ : 0.18~0.2 ㎛/min	35℃ : 0.08~0.1 ㎛/min 60℃ : 0.18~0.2 ㎛/min

(3) 유지관리

- 첨가제의 소모량은 은의 소모됨과 비례하여 소모되므로 은의 보충량에 따라서 같은 비율로 함께 보충한다.(은 1 g 소모 시 첨가제도 1 cc 소모된다)
- 첨가량이 다소 많아도 큰 문제는 되지 않으나 경제적이지 못하며 부족하게 되면 도금의 얼룩이 나타나며 도금 층이 깨끗하지 못하고 거친 도금이 됩니다.

(4) 청화가리(KCN)

- 청화은(Silver Cyanide)의 농도는 130~140 g/L로 유지해야 한다.
- 청화가리의 농도가 낮으면 도금의 광택이 저하되어 구름 낀 현상의 도금이 된다.
- 청화가리의 농도가 높으면 도금속도가 저하되는 원인이 되므로 표준상태를 반드시 유지하며 작업해야 한다.

(5) 청화은($AgCN$)

- 청화은의 농도가 낮으면 도금속도가 매우 느리며 도금얼룩이 발생되는 원인이 된다.
- 농도가 높은 것은 크게 문제가 되지 않으나, 청화은이 묻어나가는 양이 많으므로 비경제적이라 할 수 있다. 그러므로 표준을 유지하는 것이 가장 안정된 조건이라 할 수 있다.

(6) 작업온도

- 작업온도는 35℃~80℃까지이나 치환형 은도금의 경우 보통 35℃~45℃ 작업이 가능하다.
- 만일 도금두께를 좀 더 두껍게 하기 위하여 온도를 올려서 작업하는 것도 효과적이다.

(7) 여과

- 작업 시에는 반드시 도금액을 연속여과 하면서 작업하여야 한다.
- 장시간 작업하면 이물질이 생성하므로 제거하여 주어야 한다.

(8) 화학연마방법

- 청화소다: 30 g/L
- 과산화수소소수 : 20~30 g/L
- 온도 : 상온
- 시간 : 1~2분
- 일회사용 후 교체가 원칙이다.

(9) 후처리 방법

- 후처리제 : 100 g/L~200 g/L
- 사용온도 : 60~75℃(온도 관리는 매우 중요하며 낮은 온도에서는 변색효과가 좋지 않음)
- 침적시간 : 1~10분(침적 시간이 길수록 변색 방지효과가 좋다)
- pH : 4~6(최적 5)

(10) 변색방지 성능시험

- 5% 유화가리(K_2S) 침적시험(시편은 은도금 후 후처리제에 1분 이상 침적)
- 증류수 1리터에 유화가리 50g을 용해한다.
- 완전히 용해한 후에 여과지로 액을 여과한다.
- 유화가리 용액의 온도를 20~25℃이하로 유지한다.
- 은도금 후 변색방지처리(1분이상 침적)가 끝난 제품을 여과한 용액에 침적한 후에 변색되는 시점의 시간을 확인한다.
- 후처리제 처리 후 2분 이상 무변색이어야 한다.

9.2.8 화성피막 후처리제

알루미늄 화성피막으로 가장 광범위하게 사용되고 있는 크로메이트 처리는 처리 후에 건조를 하여도 오염성이 심하고 건조 시에 얼룩현상으로 인한 크로메이트 처리 업체들의 애로점에 착안하여 꾸준한 연구성과로 개발한 획기적인 후처리법이다.

(1) 특징

- 윤활성 및 발수성 피막을 형성한다.
- 처리 후에 건조시간이 단축된다.
- 처리시간이 초단위로 짧아서 생산에 능률적이다.
- 전도성에 영향이 없다.
- 후처리 후에도 인쇄에 영향이 없다.

(2) 공정 및 처리방법

- 공정
  화성피막 → 수세 → 수세 → 수세 → 본처리제 → 수세 → 건조
- 전원 : AC (교류) 전압 20 V
- 대극 : SUS304 또는 카본
- 시간 : 20~30초
- 온도 : 상온
- 처리조 : PVC, PP (여과장치필요)
- 건욕 : 10 g/L

9.2.9 후처리 코팅제

(1) 개요

- 전기, 메카니칼 도금 및 아연, 아연합금도금에 적용할 수 있는 투명한 무기 코팅제이다.
- 알칼리 후처리제이며 초기 건욕 시 크롬이 함유되어 있지 않다.
- 유기코팅제처럼 폴리머를 함유하지 않아 처리 후 맺힘 현상이 감소한다.
- 3가나 6가 크롬이 처리된 아연, 아연합금도금의 후처리 시 뛰어난 보호 피막을 얻을 수 있다.
- 아연 도금된 표면에 무색의 얇은 피막이 증가하여 초기의 광택을 유지해준다.

- 사용하기 편리하며 랙크와 배럴에 모두 적합하다.
- 건조하기 전 수세가 필요 없다.

(2) 특징 및 장점

- 투명한 무기 코팅제이다.
- 건욕 시 크롬이 함유되어 있지 않다.
- 피막의 내식성 강화한다.
- 자외선으로 쉽게 확인할 수 있다.
- 모든 아연도금의 온도에서 바로 적용할 수 있다.
- ELV(End of Life Vehicle)에 적합하다.

[표 9.12] 후처리 코팅제의 작업조건

	전기 메카니칼 도금	아연, 아연합금 도금
농도(g/Lt)	8~12%(80~120)	3~10%(30~100)
온도(℃)	50~60	20~80
pH	10.5~11.5	10.5~11.5
시간(초)	30~60	
교반	기계적 및 약한 공기 교반	
여과	선택	

(3) 건욕

- 탱크의 50%를 탈 이온수나 증류수로 채운다.
- 필요량만큼의 후처리제를 넣고 교반해 준다.
- 수위를 채워주고 작업온도까지 온도를 올려준다.

(4) 액의 유지관리 및 작업지침

- 작업 액은 소모되는 양과 Drag out되는 양만큼 보충을 해주어야 한다.
- 정기적으로 분석하여 부족한 양만큼 보충해준다.(분석법 참조)
- 작업 액의 pH를 10.5 이상으로 관리 해주어야 한다.
- 떨어질 경우 수산화칼륨 용액을 넣어 유지시켜 준다.
- 침적하여 사용한다.
- 최적의 내식성을 얻기 위해서는 8 ㎛이상 도금되어야 한다.
- 내식성 향상을 위해서는 무지갯빛의 3가 크롬 부동태나 노란색의 6가 크로메이트에 두껍게 피막을 올려야 한다.
- 침적시간을 연장하면 무지갯빛이나 노란색의 색상이 없어 질 수 있다.
- 처리 후 수세를 하지 않고 바로 건조를 하며, 적절한 건조 온도는 60~80℃이다.

(5) 안정성

작업자는 약품을 사용하기 전에 건강과 안전성을 위해 물질안전 보건자료를 자세하게 읽어 보아야 한다.

(6) 폐수처리

- 폐기물관리법에 명시된 경우 규정에 따라 내용물 및 용기를 폐기해야 한다.
- 관련 법규에 명시된 내용에 따라 내용물 용기를 폐기해야 한다.

(7) 분석법

1) 적정법

- 250 ml 삼각 플라스크에 용액 50 ml를 피펫으로 취한다.
- BCP용액 3방울을 떨어뜨린다.
- 1N 황산으로 노란색이 될 때까지 적정한다.
- 용액이 무색으로 될 때까지 0.1N 티오황산나트륨으로 적정한다.

2) 계산법

- 1N 황산의 소비 mL X 1.22 = %의 후처리제의 농도

3) 비중법

- 주어진 그림을 보고 비중에 따른 농도를 찾는다.

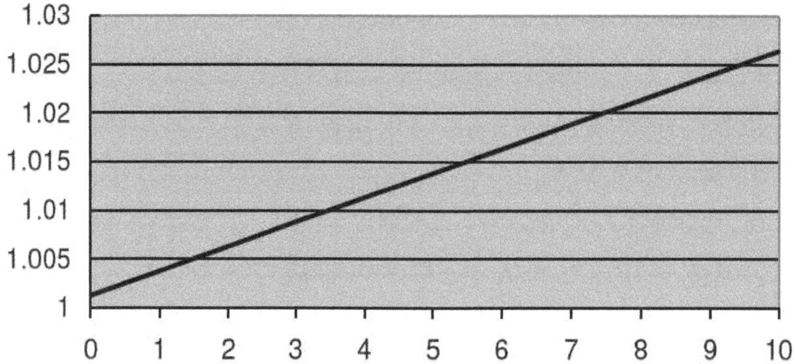

〈그림 9-5〉 20℃ 후처리제의 농도 대 비중 그래프

9.2.10 수용성 투명락커

특수한 아크릴 모노마를 종합하여 자기 가교성을 가진 수용성 모노마 수지를 주성분으로 만든 수용성의 투명 락커이다.

(1) 특징

- 도금 후 물이 묻은 상태 그대로 도포되므로 건조공정은 1단계 생략된다.
- 건조가 빠르고 상온에서 15분 전후, 60~70℃에서 2~3분 건조하면 내수성이 양호하면서 투명하고 경질되어 막이 얻어진다.
- 내약품성, 내후성, 내식성이 우수하다.
- 모든 금속 제품 즉, 철강, 동, 동합금, 니켈, 크롬, 아연 크로메이트, 알루미늄, 알루미늄 합금에 유효하며 또한 밀착성이 양호한 도막형성을 형성한다.

(2) 용도

- 각종 장식도금 및 내식성 도금의 보호피막으로서 사용한다.
- 철강, 동, 황동, 알루미늄 제품의 보호 방청에 사용한다.
- 기타 투명 락커 대용으로 사용한다.

(3) 사용방법

- 스프레이, 침지, 붓 칠 등으로 사용한다.
- 상온건조로 충분하나 120~150℃까지의 열풍 건조나 소부를 하면 경화가 빠르다.
- 용도에 따라 물로 희석하여 사용한다.
- 보통 도금 보호피막으로 사용할 경우에는 4~8배로 희석한다.

(4) 사용상 유의사항

- 염류나 산이 혼입되면 수지의 용해성이 나빠져 백색 침전 등이 일어나 용액의 안전성이 저하한다.
- 크로메이트 처리, 산세한 후는 특히 수세를 충분히 하여 액이 노화하지 않도록 한다.
- 용액의 pH가 7이하가 되면 수지가 잘 녹지 않아 부유하는 수가 있다.
- 부유된 수지는 금망으로 떠내고 액은 암모니아수를 가하여 pH 9정도 까지 올려 사용한다.
- 철강이나 비철금속 표면에 도포할 경우에는 특히 탈지에 주의한다.
- 알콜류를 배합 표면장력을 낮추어 있으므로 보통 물보다도 금속표면에 쉽게 침수할 수 있도록 설계되어 있으나, 수용액이기 때문에 탈지를 될 수 있는 한 완전히 한 후 도포한다.
- 과잉의 유분이 있으면 도막이 미착되고 밀착이 나빠진다.

(5) 관리조작 및 도막 제거방법

- 농도의 관리는 가열잔량에 의한 방법으로 행한다.
- 시료 용액 10 g을 100 mL의 비이커에 채취하여 120℃로 1시간 가열한다.
- 휘발성분을 증발시킨 후 잔류분의 중량을 측정한다.
- 건조 후 경화하여 물에 불용성의 피막이 된다.
- 제거 방법은 알콜, 락커, 신나 등으로 문지른다.
- 더운 알칼리 액을 사용하는데 더운 알칼리 액은 10% 전후의 가성소다액을 40~50℃로 하여 침지하여 박리한다.

9.2.11 알칼리 착색제

(1) 가공설명

- 이는 철강, 저합금강 등의 알칼리 착색법이며, 간단한 침지처리로 칠흑의 미려한 착색을 하게 된다.
- 착색 방법은 알칼리 착색제 후레이크 또는 파우더를 사용하며, 이 방법은 아래의 규격에 적합하다.
  - 미군 규격 MIL - C - 13924 A (1956) CLASS 2
    MIL - P - 12011 (1952) FINISH No. WW 04 GRADE 2

(2) 가공법(표면청정)

- 미려한 착색을 하려면 소지 표면이 잘 연마되어 있어야 한다.
- 샌드 브라스트, 쇼트 브라스트 한 면은 울퉁불퉁한 면이 되고 산세처리를 한 것은 광택이 없는 흑색이 된다.
- 또한 산세 후 중간처리를 하면 기계적 처리와 같은 광택이 나도록 되어 있다.
- 주철소지는 브라스트 크리닝이나 산세를 하고서 표면을 충분히 연마한 뒤 처리를 한다.
- 또한 냉간 가공면은 착색이 엷게 되는 일이 있다.
- 착색의 양호 또는 불량은 탈지, 제청 여하에 따라 크게 좌우된다.

9.2.12 산화흑색 착색제

(1) 건욕

- 용기의 반 정도까지 물을 넣고 여기에 착색제를 서서히 첨가한다.
- 소요량의 반을 넘었을 때부터 가열을 시작하여 소량의 착색제와 물을 충당시킨다.
- 완전히 용해하여 비등이 시작되는 온도를 141 ± 2℃로 하여 처리를 시작한다.
- 만일 이때에 비점이 높으면 물을 첨가하여 조절하고 비점이 낮으면 착색제를 더 넣든가 증발(농축) 시켜서 141 ± 2℃사이의 비점을 조사한다.
- 착색제(1,000 g), 물(700 g), 가공액량(1 L)에 조성한 용액은 비점이 137℃가 된다.
- 미리 청정하게 한 약알칼리 원액에 넣고 1~2분 처리물을 따뜻하게 해서 처리액에 침저시킨다.
- 시간은 약 20분 정도로 착색되는 것이 표준이 되나 때에 따라서는 30분을 요할 때도 있다.
- 처리물의 재질, 전처리 정도에 따라서 침지시간이 결정된다.
- 욕의 처리 온도는 137℃에서 145℃까지의 온도 상승 방법이 좋다.
- 온도가 150℃를 넘게 되면 물품에 적갈색의 침전물이 부착하거나 처리욕의 산화력이 급속히 감소된다.
- 소요의 침적이 끝나면 욕에서 꺼내 온수세를 하고 다음에 깨끗한 물로 충분히 알칼리를 제거한다.
- 수세는 최고 10분 정도로 하며, 장시간 수세하면 고탄소 재질 등은 발청할 우려가 있다.
- 그 다음 희크롬산으로 세척하고 그대로 건조 시킨다.

(2) 희크롬산 세척

- 이 세정은 처리물에 부착하여 있는 미량의 알칼리 분을 중화시킨다.
- 동시 피막의 내식성을 향상시키기 위하여 처리한다.

(3) 액의 조성

- 무수크롬산(2.5 g), 물(1,000 ml)로 조성된 액의 농도유지는 pH 2~3을 유지하도록 무수크롬산을 보급한다.
- 처리 온도는 65~88℃이며 침적시간은 30~40초 이다.
- 이 처리를 한 뒤 압축공기나 열풍 또는 건조로에서 건조시킨다.
- 건조는 5분 내로 하는 것이 가장 적당하다.

(4) 후처리 및 표준공정

- 피막의 내식성과 미관을 보호하기 위하여 방청유, 바니스, 투명 락커 등을 사용한다.
- 표준공정
  탈지 → 수세 → 산세 → 수세 → 착색 → 수세 → 수세 → 크롬산세정 → 방청유처리 또는 도장

(5) 가공액의 유지조절

- 액의 농도는 비점을 기준으로 때때로 액의 처음의 비점인 137℃를 나타내는가를 조사하여 높을 때는 물을 보충한다.
- 낮을 때는 수분을 증발시켜 141℃를 나타내게 한다.
- 137℃일 때 처리물을 침지하여 20~30분 경과하였을 즈음에 147℃로 되는 시간과 온도의 합치가 가장 이상적이다.
- 이는 용액량과 가열원과의 관계로 길게도 하고 짧게 하여도 되나 20분 정도의 처리시간은 내식성을 높이기 위하여 반드시 필요하다.
- 137℃에서 처리물을 꺼낸 뒤 다음을 위해 주의하면서 물을 공급하여 141℃까지 온도를 저하시키는데 물 공급양이 과하지 않도록 하여야 한다.
- 오랜 작업으로 액 중에 침전이 생기며, 그 결과 처리물의 착색에 악영향(콘텍트 마크)를 초래하는 일이 있다.
- 이때는 비등을 중지하고 침전물을 제거한 후 사용한다.

(6) 용기 및 기구류

- 용기는 모두 연강판제가 적당하다.
- 처리물을 넣은 바스켓이나 달아매는 기구류도 같다.
- 가열은 저부에서 직화식으로 하며, 가공용기는 반드시 뚜껑을 하여야 한다.
- 이는 액이 고온, 고농도이기 때문에 열 발산을 막는 것과 주수할 때에 액의 비산을 막기 위해 필요하다.
- 물주입시는 뚜껑의 한쪽을 조금 열어 놓아 증기의 출구를 만들어 주고 주수한다.
- 물주입관은 용기의 구석에 삽입하고 이와 반대쪽에 다이얼형의 온도계를 비치하면 작업상 편리하다.

9.2.13 LED 리드프레임 RBO 처리제

(1) 개요

- 리드프레임 도금 전용 RBO처리 약품이다.
- 반도체 Assembly 공정 중 Die Bonding 작업 시 Chip과 Lead frame과의 접착제로 사용되고 있는 Epoxy의 Ag paste와 Resin과의 분리를 방지하는 약품이다.
- 다양한 Epoxy에 대해서도 제품의 신뢰도를 높이며 생산할 수 있다.
- 유기물로써 크롬산등 중금속을 전혀 함유하지 않고 있다.
- 납땜성이 우수하고 접촉전기저항은 하중 5 g에 1.0 mΩ이하로 종전의 크롬산 사용으로 발생된 접촉저항은 문제가 없다.
- 액의 연속사용(지속성)이 우수하고 보충 사용이 가능하여 매우 경제적이라 할 수 있다.

(2) 적용범위

- Wire bonding 및 delamination(도금층의 갈라짐 현상), Die lift(밀착) 등의 문제 발생이 없다.
- 84-1 LMIS-D4 Epoxy 및 8355f, 8390a, 8361J, A3 Epoxy에서도 Resin bleed out의 방지에 탁월한 효과를 나타낸다.

- 고속용 고광택 은도금 프로세스의 후처리 공정에 적용하여 사용하면 더욱 우수한 품질의 제품을 생산할 수 있다.

(3) 작업조건

[표 9.13] LED 리드프레임 RBO 처리제의 작업조건

작업조건	사용범위	최적조건
처리제(g/L)	40~60	50
사용온도(℃)	30~40	35
처리시간(sec)	5~20 이상	10 이상

(4) 후처리액 건욕방법(100L 건욕시) 및 작업공정

- TANK에 탈 이온수 또는 증류수를 3/4정도 채운 후 35℃ 정도로 가열한다.
- 후처리 액 5리터를 교반하면서 넣는다.
- 액 수위를 100리터로 조절한 후 충분히 교반한다.
- 작업공정
  전처리공정 → LED 은도금 → 3단 수세 → 황산중화(3%) → 3단 수세 → 후처리제 처리 → 3단 수세 → 건조 → 포장

(5) 액 관리방법

- 후처리제 원액 1리터로 20~30 ㎡의 면적을 작업할 수 있으므로, 작업량에 따라액을 보충하여 사용하여도 된다.
- 액은 오염정도에 따라 주기적으로 신액으로 교체하는 것이 좋다.
- 온도관리가 중요하므로 자동센서 등을 이용하여 일정한 온도 관리를 하는 것이 좋다.
- 후처리액에 알칼리 성분이 유입되는 것을 최소화하는 것이 좋다.
- 알칼리 성분의 과다한 유입은 액의 수명을 짧게 하는 원인이 된다.

(6) 불량대책

- 불량으로 판명된 제품은 후처리제의 보호막을 제거한다.
- 보호 피막제거는 강한 알칼리성 용액으로 전해탈지를 하면 효과적으로 제거된다.

9.2.14 철강용 녹 방지제

(1) 개요

- 철강소재의 일시적인 녹 방지를 위한 후처리제이다.
- 철강재의 탈지 및 산처리 후 급격한 산화를 방지하는 효과가 있다.
- 1액성의 약품으로 침적만으로 효과가 유지된다.
- 단, 장시간의 내식성을 요구하는 제품에는 적합하지 않으며, 도장이나 도금 등으로 철강을 보호하여야 한다.

(2) 작업공정

- 탈지 → 수세 → 산세 또는 중화 → 수세 → CRF-101침적 → 수세 → 건조

(3) 처리조건

- 후처리제 : 3%(30 g/L)
- 온도 : 실온(20~35℃)
- 침적시간 : 10~20초
- pH : 6~7

(4) 유의사항

- 사용 중에 pH의 변화가 나타나면 사용 중인 액을 폐기하고, 신액으로 교체한다.
- 특히, 산성쪽으로 내려가면 효과가 저하된다.
- 사용주기는 일반적으로 1일 작업 후 다음날 신액으로 교체 사용한다.
- 중금속염이 전혀 함유되어있지 않으며, 보호피막으로 이루어져 있다.

9.2.15 전해 및 무전해 니켈도금 후 처리제

(1) 개요

- 전해니켈 및 무전해 니켈 도금의 내식성 향상을 위하여 개발된 도금 후처리 약품이다.
- 1액성의 약품으로 전해니켈과 무전해 니켈도금 후에 침적 사용하므로 별도의 설비를 필요로 하지 않다.
- 환경문제가 되는 중금속은 전혀 함유되어 있지 않다.
- 염수분무시험에서의 탁월한 효과는 물론 건조시의 물 얼룩이 발생되지 않는 수절효과를 가지고 있다.
- 제품 사용 시 액을 충분히 흔들어 혼합하여 사용하는 것이 효과적이다.

(2) 사용공정

- (무)전해 니켈도금 → 수세 → 후처리제 침적 → 수세 → 건조 → 포장

(3) 작업조건

[표 9.14] 전해 및 무전해 니켈도금 후 처리제의 작업조건

작업조건	사용범위	최적조건	비고
후처리제(g/L)	100	100 이상	
사용온도(℃)	60~75	60	온도가 낮을 경우 내식성이 저하되는 원인이 된다.(60℃ 이상 유지)
처리시간(min)	1~5	1 이상	처리시간이 1분미만으로 짧으면 내식성이 저하되는 원인이 된다.
pH	6~8	7	pH가 높을 경우 액의 노화속도가 빨라지는 원인이 된다.

(4) 액의 건욕

- 사용온도는 30~50℃의 범위 안에서 사용하여야 한다.
- 원액 1리터로 대략 도금표면 20~30 ㎡를 처리할 수 있다.
- 온도가 30℃이하로 떨어지면 후처리효과가 저하되는 원인이 된다.
- 75℃이상에서는 액의 분해원인이 될 수 있으므로 유의해야 한다.
- 액의 증발로 인하여 액의 수위가 낮아지면 물을 채워 사용하여도 무방하다.
- 연속적인 사용으로 인하여 pH가 상승(7 이상)하게 되면 후처리 효과가 저하된다.
- pH가 상승할 경우 구연산, 황산 및 기타 유기산 등으로 pH를 낮추어야 한다.
- 단, 염산의 사용은 피해야 된다.
- 침적시간은 1~3분이 최적이며 침적시간이 길어지는 것은 문제가 되지 않으나 짧아지면 내식성에 문제가 될 수 있다.
- 수세공정에서 수세가 충분치 않으면 액의 오염으로 액의 사용주기가 짧아진다.
- 보충 시에도 수세공정에서 제품 표면의 수절력(물이 흘러내리는 현상)이 저하되면 신액이 노화된 것이므로 신액으로 교체하여야 한다.

(5) 내식성 시험

- 전해니켈 시험시편은 인청동/Ni 1.27 μm 이상 후처리제 10% 40℃
- 무전해 니켈 시험시편은 인청동/Ni 3 μm 이상 후처리제 10% 40℃

[표 9.15] 내식성 시험 결과표

	60sec	90sec	120sec
전해 니켈	72시간 무발청	72시간 무발청	80시간 무발청
무전해 니켈	72시간 무발청	80시간 무발청	96시간 무발청

9.2.16 3가크롬, 3원합금 도금 후처리제

(1) 개요

- 각종 도금 후 내식성 향상을 위한 봉공처리 및 변색방지 전용약품이다.
- 도금 후 침적만으로도 우수한 신뢰성을 확보할 수 있다.
- 1액형의 제품으로 사용이 간편하여 작업효율과 신뢰성 향상을 통한 경제성을 확보할 수 있다.
- 환경유해물질과 중금속을 전혀 함유하지 않아 인체에 무해하며, ROHS에도 적합하다.
- 성능비교를 위한 KSD9502 염수분무시험에서 탁월한 효과를 나타낸다.

(2) 적용분야

- 3가 크롬 도금과 아연 + 니켈합금 도금
- 주석 + 동 + 아연합금도금(대용 금 및 대용도금)
- 무전해 니켈 및 전해니켈
- 주석도금 후
- 아연합금 크로메이트 처리 후

(3) 사용방법

- 각종 도금 및 크로메이트 → 수세 → 후처리제 침적 → 수세 → 건조 → 완료

(4) 작업조건

[표 9.16] 3가크롬, 3원합금 도금 후처리제

구분	사용범위	최적조건	비고
후처리제	희석 : 8~15%	희석 : 10%	물사용
사용온도(℃)	45~65	55	
침적시간	20초~3분	1분 이상	침적시간이 길수록 효과적

(5) 유지관리

- 도금표면에 반응하여 소비된다.
- 원액 1리터로 대략 도금표면 20~30 m^2를 처리 할 수 있다.
- 작업량에 따라서 소비된 만큼의 원액(100 g/L)을 보충하여야 한다.
- 장시간 사용할 경우 액의 증발로 인하여 액의 수면이 낮아지게 되면 물을 보충하여 수위를 맞춰 주어야 한다.
- 연속사용 시 pH가 상승(4이상)하게 되면 액이 노화되었으므로 신액으로 교체하여야 한다.
- 급속히 pH가 상승할 경우 유기산으로 pH를 보정한다.
- 수세공정에서 수세가 충분치 않으면 액의 오염으로 액의 사용주기가 짧아진다.
- 수세공정에서 제품표면의 수절력(물이 흘러내리는 현상)이 저하되면 액이 노화된 상태이므로 신액으로 교체하여야 한다.

9.3 유기피막

석유화학공업의 발달과 더불어 합성수지가 급속도로 발달됨으로서 도료·도장 기술에도 경험에만 의존했던 것을 지향하고 도료·도장 전반에 대한 학문적인 체재 하에 많은 도료·도장기술자를 배출하여야 될 현실에 놓여있다. 도료는 각 원료를 잘 혼합하여 만드는데, 제조의 열쇠는 바로 이 혼합기술에 있다.

제조공정은 균일하고 안정된 도료를 만들기 위하여 수지 안료의 분쇄 혼합에 에지 러너를 비롯하여 여러 가지 기계가 사용되고 있다. 페인트나 에나멜과 같이 고체 물질의 표면에 칠하여 고체 막을 만들어 물체의 표면을 보호하고, 아름답게 하는 유동성 물질의 총칭으로 칠할 때는 겔 모양의 유동상태이고, 칠한 후에는 빨리 건조 경화 하는 것이 좋다.

도료를 제조, 도장, 판매 할 때에 자기가 현재 취급하고 있는 도료의 분류방법, 기능, 도장 방법 등을 올바르게 선택할 줄 알아야 한다.

9.3.1 초화면(니트로 셀룰로오스, Nitro cellulose) 도료

(1) 제법도장

- 공업적으로는 질소량 10~14%인 것이 사용되며, 제조하는 데는 정제 cotton linter 또는 정제 고α펄프를 원료로 한다.
- 펄프는 박엽지로 사용하고, 셀룰로오스 원료를 혼합산에 15~25℃로 8~12시간 침지하여 질화한다.
- 사용하는 혼합산의 조성은 질소량에 따라 변한다.
- 질화장치에는 도가니식, 원심식, 치환식, 교반식 등이 있다.
- 교반식은 뒤섞으면서 반응시키기 때문에 반응이 균일하게 이루어지고 대량생산에 적합하다.
- 질화 후 혼합산을 원심 분리식의 제산기로 제거한다.
- 안정화 처리는 대량의 물속에 넣어 십여 시간 끓이고 씻고, 가늘게 자르는 것을 말하며, 셀룰로오스와 결합하는 황산에스테르, 기타 불순물 등을 제거하는 조작이며, 이는 니트로 셀룰로오스의 안정도를 높이는 데 중요하다.
- 실험실에서 제조 시 황산 대신에 인산, 인산 무수물, 아세트산, 아세트산 무수물 등을 사용하고, 또한 희석제로는 사염화탄소 등을 사용한다.
- 중합도 측정용을 위하여 트리 에스테르를 얻는 데는 인산계 혼합산(64% HNO_3, 26% H_3PO_4, 10% P_2O_5)이 사용된다.

(2) 성질

- 질소량, 중합도에 의해 변화하며, 트리 에스테르의 단위격자는 사방 결정계에 속한다.
- 비중은 질소량 10.0%에서 1.670, 13.88%에서 1.690이고, 흡습량은(14.6, 질소량) %로 표시한다.
- 135℃에서 서서히 분해하고 180℃ 내외에서 발화하여 격렬하게 탄다.
- 햇빛에 의하여 변색하여 취약해진다.
- 산에는 비교적 강하지만, 약알칼리에 의해서도 에스테르화되고, 재생하는 셀룰로오스는 분해된다.

- 붕괴되는 일이 없이 재생하기 위해 황화수소암모늄의 에탄올 용액이 사용된다.
- 가소제로서는 캄퍼가 가장 뛰어나다.
- 황산 에스테르가 존재하면 햇빛에 의하여 분해가 뚜렷하게 촉진된다.
- 중합도는 화약용 1000~1500, 셀룰로이드용 500~900, 락커용 30~150
- 락커용 저점성도는 안정화 처리 때 가압하여 물과 가열하면 얻을 수 있다.

[표 9.17] 니트로 셀룰로오스의 용도 및 조성

용도	질소량 (%)	혼합산 조성(%)		
		HNO_3	H_2SO_4	H_2O
화약용 강면약	13.2~13.4	22.5~23	67~67.5	10~10.5
화약용 약면약	12.3~12.5	23~23.5	62~62.5	14.5~15
셀룰로이드	11.6~11.8	22.5~23	59~60	17.5~18

(3) 용도

- 셀룰로이드, 락커, 화약에 사용된다.
- 필름에도 사용되었는데 최근에는 트리 아세틸셀룰로오스 필름으로 치환되었다.
- 의약으로 콜로디온 제제의 원료이다.($C_6H_8O_3(NO_3)_2$이 주성분)

(4) 주의

- 건조 상태로 취급하는 것은 매우 위험하다.
- 정전기의 방전에 의해서도 발화 폭발할 수 있다.
- 항상 수분을 20% 이상 포함시켜 저장해야 한다.
- 가끔 안정도 시험을 하여 자연 분해의 정도를 조사할 필요가 있다.

9.3.2 초화면 락커(Laquer)

(1) 특징

- 넓은 의미로 셀룰로오스 유도체를 기재로 하고, 여기에 수지, 가소제, 안료, 용제 등을 첨가한 도료를 말한다.
- 좁은 뜻으로는 니트로 셀룰로오스를 주요 성분으로 하는 도료를 가리키며, 셀룰로오스 도료라고도 한다.
- 그 외에 아크릴 락커라 말하는 열가소성 수지 도료가 있다.
- 사용법은 모두 비슷하며, 자동차 도료 등에 사용하고 건조가 빠른 용액형 도료를 일반적으로 락커라고 한다.
- 도막형성 주요소에 따라 니트로 셀룰로오스 또는 에틸 셀룰로오스 등의 섬유소 유도체, 락커, 아크릴 락커 등이 있다.
- 보통 락커라 하면 초화면 락커를 말한다.
- 니트로 셀룰로오스는 질소성분이 10.8~12.2 %인 것이 사용된다.
- 도막은 단단하나 부서지기 쉽고 인성, 부착성이 부족하기 때문에 수지나 가소제를 첨가해서 질을 개선한다.
- 도막형성은 주로 용제의 증발에 따른 건조에 의해서 이루어진다.

(2) 조성

초화면, 수지, 가소제를 도막성분으로 하고 속건이며 강인한 도막을 얻을 수 있어 가장 널리 사용되는 락커이다.

1) 수지

- 혼합하는 목적은 불휘발분의 증가에 의한 살오름성, 광택증가, 도막의 부착성, 기계적 성질, 내후성 등을 개선시키기 위해 첨가한다.
- 단유성 알키드수지와 로진 변성 말레이산 수지가 가장 많이 사용된다.
- 알키드 수지의 혼합은 불휘발분을 높이고 부착성, 가소성, 내후성을 향상시킴으로 주로 금속용에 사용된다.
- 말레인산 수지는 불휘발분을 높이고 도막의 광택, 경도, 연마성을 향상시키나 내후성과 부착성은 좋지 않기 때문에 목재용으로 사용된다.

2) 가소제

- 보통 DOP(프탈산디옥틸) 또는 DBP(프탈산디부틸)가 사용된다.
- 장유성 알키드 수지도 가소효과가 있어 일부 사용되기도 한다.

3) 용제

- 락커의 배합기술 중 중요한 것의 하나가 그 혼합용제의 배합기술이다.
- 초화면은 일반 도료용 수지에 비해 고분자량이고 고가의 강용제를 다량으로 필요로 한다.
- 초화면의 진용제는 에스테르, 케톤, 에테르이며, 조용제는 알콜류, 희석제는 탄화수소류이다.
- 용제조성을 진용제로만 하는 것은 비경제적일 뿐만 아니라 성질상으로도 바람직하지 않고 적당한 조용제와 희석제를 병용하는 것이 좋다.
- 보통 락커 용제 중 희석제 농도는 50% 이하, 신나는 60% 이하이다.
- 혼합용제의 휘발속도의 균형도 중요한 기술로 휘발의 각 단계에 있어서 용제/희석제의 비에 변동이 없도록 조성을 결정해야 한다.

[표 9.18] 니트로 셀룰로오스의 용해성

<table>
<tr><th rowspan="2">질소량
(%)</th><th colspan="4">용해성</th><th rowspan="2">용도</th></tr>
<tr><th>아세톤
아세트산
에틸 등</th><th>에테르(2부피)-
에탄올(1부피)
혼합액</th><th>무수알콜</th><th>니트로
글리세린</th></tr>
<tr><td>13.1~13.4</td><td>95~100</td><td>녹지 않음</td><td>녹지 않음</td><td>녹지 않음</td><td rowspan="2">작약, 무연,
화약</td></tr>
<tr><td>12.8~13.1</td><td>95~100</td><td>30 이하</td><td>녹지 않음</td><td>녹지 않음</td></tr>
<tr><td rowspan="3">12.5~12.8</td><td rowspan="3">95~100</td><td>50 이하</td><td>녹지 않음</td><td>녹지 않음</td><td rowspan="3">무연, 화약</td></tr>
<tr><td>50~95</td><td>10 이하</td><td>녹지 않음</td></tr>
<tr><td>95~100</td><td>10 이하</td><td>녹지 않음</td></tr>
<tr><td rowspan="2">12.0~12.5</td><td rowspan="2">95~100</td><td rowspan="2">95~100</td><td rowspan="2">50 이하</td><td rowspan="2">약간 녹음,
잘 녹음</td><td>무연, 화약,
콜로디온</td></tr>
<tr><td>다이너마이트</td></tr>
<tr><td rowspan="2">11.0~12.0</td><td rowspan="2">95~100</td><td rowspan="2">95~100</td><td>50 이하</td><td>약간 녹음</td><td>필름</td></tr>
<tr><td>50~100</td><td>약간 녹음</td><td>셀룰로이드</td></tr>
<tr><td>10.0~11.0</td><td>95~100</td><td>80~100</td><td>50 이하</td><td>약간 녹음</td><td>셀룰로이드,
락커</td></tr>
<tr><td>9.0~10.0</td><td>30~90</td><td>30~90</td><td>녹지 않음</td><td>녹지 않음</td><td>이하 용도
없음</td></tr>
</table>

(3) 종류와 용도

1) 하이솔리드 락커

- 저점도 초화면을 사용한 것으로, 수지분을 많게 하여 고형분 함량이 큰 락커로서 광택, 부착성, 내후성이 뛰어나다.
- 대형자동차, 자동차 보수용, 엘리베이터, 그 외 금속 도장용으로 70℃ 정도로 가열해서 도장하는 것이 좋다.
- 비휘발분을 많게 한 락커로 우리나라에서도 급속하게 보급되고 있다.
- 보통의 락커와 다른 점은 수지를 가능한 한 많이 사용하며, 수지의 비율은 1:1~2가 양호하다.
- 수지로서는 비산화형 알키드를 많이 사용하고, 도막의 강도를 높이기 위해 요소, 멜라민 수지를 소량 혼합하는 경우도 있다.
- 니트로 셀룰로오스는 1/10, 1/4, 1/2초의 저점성도의 것이 사용된다.
- 아세트산에틸, 아세톤, 에틸메틸케톤 등 저분자량의 용제가 사용된다.
- 두께, 광택, 내구성, 밀착성이 보통의 니트로 셀룰로오스보다 좋다.

[표 9.19] 하이솔리드락커 도료배합(Wt%)

RS 1/2초화면 15	
단유성알키드수지(50%) 30	세루솔브아세테이트 3
멜라민수치 (50%) 5	MEK 7
마레인산수지(50%) 10	n-부탄올 5
가소제 (DOP) 5	IPA 5
M I B K 10	톨루엔 20

2) 정전도장용 락커

- 수지를 선택하고 부탄올과 고비점 에테르계 용제를 다량으로 한다.
- 도료의 미립화, 정전도장적성, 레벨링 등을 향상시킨 도료이다.

- 락커 하지도료
  - 유성 하지도료에 대응하여 락커 프라이마, 써페이셔, 퍼티 센딩실라 등이 있다.
  - 일반적으로 속건성이기 때문에 작업성이 나쁘고 부착성, 방식성, 등 도막 성능도 다소 약하다.
- 건재용 : 옥내에 한해 금속, 목재, 프린트 합판 등에 주로 사용된다.
- 목공용 : 가구류 등에 상도, 우드 실라, 샌딩 실라로 널리 사용된다.
- 종이 피혁용 : 광택니스, 피혁상도용으로 사용된다.

[표 9.20] 초화면 락커의 종류와 용도

<table>
<tr><th>용도</th><th colspan="2">도장
시스템</th><th>색상</th><th>도장
회수</th><th>추천건조
도막두께
(μm)</th><th>이론
도포면적
(m^2/L)</th><th>재도장
긴격
(20℃)</th></tr>
<tr><td rowspan="3">철
재
용</td><td rowspan="3">하도
상도</td><td>락커</td><td rowspan="3">적갈색
갈색</td><td rowspan="3">1
1~2</td><td rowspan="3">30
30</td><td rowspan="3">10~13
5~8</td><td rowspan="3">1~2시간
1~2시간</td></tr>
<tr><td>프라이머</td></tr>
<tr><td>유색락커</td></tr>
<tr><td rowspan="4">목
재
용</td><td>하도</td><td>샌딩 실러</td><td>투명</td><td>3~4</td><td>20</td><td>8~10</td><td>1시간</td></tr>
<tr><td>상도</td><td>투명 상도</td><td>투명</td><td>2~3</td><td>25</td><td>10~12</td><td>1시간</td></tr>
<tr><td>하도</td><td>써페이서</td><td>투명</td><td>2~4</td><td>20</td><td>8~10</td><td>1시간</td></tr>
<tr><td>상도</td><td>유색 락커</td><td>갈색</td><td>2~3</td><td>25</td><td>6~8</td><td>1시간</td></tr>
</table>

(4) 유성 에나멜

- 천연수지, 합성수지 또는 역청질과 건성유를 혼합한다.
- 나프타 등의 용제로 희석한 유성니스를 전색제로 하는 도료이다.
- 건조제로서 금속비누를 첨가한 것이다.
- 니스에 함유된 기름의 양에 따라 장유성, 중유성, 단유성으로 분류된다.

- 일반적으로 건조, 광택, 경도는 좋으나 내후성이 떨어진다.
- 합성수지를 원료로 한 것에는 페놀수지니스, 말레산수지니스가 있다.
- 아스팔트나 길소나이트 등이 원료인 니스는 싸고 방청, 내약품성이 좋다.

(5) 휘발성(주정)계 도료

1) 특징

- 크게 나눠 수지를 알콜에 용해한 니스와 여기에 안료를 가하여 착색한 주정 에나멜이다.
- 가장 널리 사용되고 있는 것은 셸락 니스와 속건 니스, 찬니스 등이다.
- 휘발성 용제이므로 건조 광택 경도는 양호하지만 도막이 약하다.

2) 배합상의 주의점

- 속건성 휘발 도료이므로 용제의 비점을 잘 고려하여 배합을 해야 한다.
- 물보다 증발속도가 빠른 메탄올이나 아세톤, 벤젠 등을 사용하면 백화(Blushing) 현상이 일어나서 광택을 저하시킨다.

3) 용제

- 주용제 : 알콜계
- 희석용제 : 지방족 및 방향족 탄화수소계 용제

4) 건조구조

- 방법 : 용제휘발 후 자연건조.(미반응)
- 조건 : 지촉건조 - 20분내, 경화건조 - 1시간내

5) 도장 방법

- 붓 도장, 담브 도장, 스프레이도장, 침적도장 등이다.

6) 도장상의 주의점

- 붓 작업 시 속건이므로 붓질을 2~3회 정도로 끝맺음해야 한다.
- 고온다습할 때는 백화(Blushing) 현상이 일어날 염려가 있으므로 소량의 부탄올을 첨가하면 좋다.
- 저급 알콜(메탄올)을 사용시 인체에 해롭기에 환기를 해야 한다.
- 대부분 알콜은 가용성 도료이며, 물과 혼합될 염려가 있으므로 궂은 날씨에 주의해야 한다.
- 목재에 송진이 있을 시는 반드시 셀락바니시를 1~2회 도장 후 상도도장을 해야 한다.

[표 9.21] 휘발성(주정)계 도료 배합 예

조성	셀락바니시(Wt%)	속건바니시(Wt%)
셀락	25	
마레인산수지		50
메탄올		
IPA	20	
부탄올	20	10
톨루엔	15	40

(6) 투명 락커

1) 정의

- 니트로 셀룰로오스, 가소제, 수지를 배합하여 용제로 용해시킨 것이다.
- 건조가 빠르고 도막 성능이 우수하여 자동차 보수용 도료로서의 중요한 자리를 차지하고 있다.
- 목재용과 금속용 두 종류가 있다.
- 도장 시 목재용이 흡수가 많기 때문에 고형분이 어느 정도 많다.
- 보통 목재의 경우 28% 이상, 금속일 경우 22% 이상이다.
- 용제는 금속용이 78% 이하이고, 목재용이 72% 이하이다.
- 바탕의 재질에 따라 약간씩 차이를 두고 배합에 인해야 한다.

2) 배합상의 주의점

- 일반적으로 광택이 좋고, 폴리싱 작업을 양호하게 해야 한다.
- 2~3% 정도 분자 내 에텔기와 알콜기를 함유한 세루솔브를 사용하면 좋은 광택을 얻을 수 있고 작업성도 좋다.
- 수지중 산가가 많은 수지를 사용하면 금속면과 반응하여 도막파괴 및 변색이 된다. (은, 진주 등)
- 락커에 마레인산 수지 첨가 시 광택, 살붙임, 경도가 우수하다.

(7) 락커 에나멜

- 투명 락커에 안료를 배합한 것으로 외부, 내부용이 있다.
- 외부용은 내후성, 경도, 내수성이 좋고 자동차, 버스, 전기기구품 등 광범위하게 사용되고 있다.
- 가격에 비해 끝맺음과 성능이 우수하고 도장방법도 비교적으로 쉽게 할 수 있다.
- 가열 잔분의 흑, 적, 청, 마론, 은색 등은 30% 이상으로써 그 외 것은 35%이상으로 된다.
- 그 중 안료분은 흑색 2%, 적, 청, 마론, 황색등은 8 ~ 11%, 백담색, 다색, 군청 등은 19% 전후로 하고, 그 외는 안료, 전색제와 용제 등이다.
- 내부용은 안료 분, 수지분을 비교적 외부용보다 많이 사용하고 있다.
- 아크릴 락커는 락커의 단점이었던 살붙임, 내후성, 내광성의 불량을 아크릴 수지로 보강하여 놓은 것이다.

[표 9.22] 투명락커의 도료배합

조성	금속용	목재용
RS½NC (초화면)	20	20
마레인산 수지	10	20
단유성 알키드 수지(50%)	20	10
가소제 (DOP)	5	5

진용제 (케톤, 에스텔계	15	15
조용제 (알콜계)	8	8
희석용제 (방향족계)	22	22

(8) 하이솔리드 락커 에나멜

하이솔리드 락커 투명과 전색제의 배합은 같으나 도료 중 안료가 함유되어 있는 목재, 금속 등의 상도에 알맞은 속건성 도료이다. 락커 에나멜에 비하여 살붙임, 광택, 내수성, 내구성이며 실외 사용 시 광택 보유성이 좋고 고형분(평균 36~45%)이 많다.

[표 9.23] 하이솔리드 락커 도료배합(백색 Wt%)

TiO2(R) 20	MIBK 20
안료침전방지제 0.2	부틸아세테이트 10
RS 1/2 초화면 15	세루솔브 5
단유성 알키드 수지(50%) 30	n-부탄올 7
멜라민수지(50%) 10	톨루엔 20
가소제(DOP) 5	

(9) 락커 퍼티(Lacquer Putty)

- 다량의 안료를 주원료로 하여 만들어 점도가 높으며 주걱 도장하는 도료이다.
- 오일 퍼티도 락커 에나멜의 하도용에 쓰지만 오일 퍼티는 건조시간이 10~20시간이지만 락커 퍼티는 2시간 정도로써 넓은 면적에 도장할 시 숙련이 필요하다.
- 특성은 안료분이 많은 반면에 Primer에 대한 부착성과 적당한 탄성이 필요하다.
- 최근에 무용제 폴리에스텔 퍼티가 살붙임이 100% 되는 것도 있다.
- 카슈칠을 원료로 한 카슈 퍼티도 금속에 대한 부착, 건조, 연마성 등이 우수하다.
- 차량, 전기제품 등이 철강제품에 많이 이용되고 있다.

(10) 아크릴 락커

1) 특징

- 일반 락커의 광택손실, 살붙임, 내후성, 내구성, 내유성, 내자외선, 색 보유성, 내약품성 등을 개량하여 놓은 것으로 금속면의 밀착이 우수하다.
- 보통 락커보다 2배 정도 살붙임이 좋다.
- 도료자체도 투명성, 내알칼리성이 좋기 때문에 요즘 많이 사용되고 있다.
- 알루미늄제품과 같은 비철제품 등의 보호용으로 자연 건조형이나 강제 건조형으로 아크릴계 락커를 많이 도장하고 있다.

[표 9.24] 락커 퍼티 도료배합(백색 Wt%)

아연화 5	단유성 알키드수지(50%) 6
탈크 (Talc) 15	DOP 4
카오링 40	MIBK 18
카본 블랙 0.01	IPA 5
안료 침전 방지제 0.6	톨루엔 10
1/2 RS 초화면 6	

2) 용제

- 주용제(Active Solvents) 25~30% 케톤, 에스텔계
- 조용제(Latent Slovents) 10~15% 알콜계
- 희석용제(Thining Solvents) 55~65% 방향족계

- 항상 어떤 수지를 녹이는데 주용제, 조용제, 희석용제가 필요하다.
- 용해성이 매우 크므로 Spray시 희석에 쓰는 시너가 소량으로 스프레이 점도가 된다.
- 즉 도료 중에 고형분이 큰 상태에서 스프레이 하는 것이 되어 1회의 도장으로 살붙임이 좋게 된다.

- 또한 스프레이간의 속도를 늦추어도 흐름을 일으키지 않고 도장할 수 있다.
- 용해성이나 증발속도가 큰 용제는 Spray시 증발해 버린다.
- 도막에 남은 생도막중의 용제는 거의가 고비점용제이고 점도가 높아져 있기 때문에 흐름이 적고 백화에 대한 저항성이 높다.
- 이런 시너는 도장 공정 단축화에 도움이 될 수 있다.
- 이들이 용제 배합비가 잘 배합 되므로 좋은 도장을 할 수 있다.

3) 시너의 조건

- 전성분의 락커를 용해해야 한다. 즉 수지 및 가소제, 초화면과 잘 용해해야 한다.
- 전성분들을 상호 상용성(Compatibility)이 좋아야 한다.
- 적당한 증발속도 중 건조과정에서 각 성분이 용제력이 좋아야 한다.
- 도막에서 용제의 증발이 빨라도 늦어도 백화현상이 없어야 한다.
- 도막형성의 방법(붓, 스프레이, 롤러 등)에 따라 적당한 점도가 필요하다.

(11) 리타드 시너(Retard Thinner)

- 고비점 용제를 주원료로 하여 락커 도장 시 도막의 백화 등 사고를 방지하기 위해서 도장 시 10~20% 희석해서 사용한다.
- 초화면을 저비점 용제인 아세톤, MEK와 저비점 희석제인 벤젠의 혼합용제로 용해하면 용해력은 매우 좋지만 도장할 경우 백화현상을 일으킨다.
- 습도가 높을 때는 정상적인 배합에 의한 시너의 경우도 브러싱을 일으키기 쉽다.
- 흑색 칼라를 도장하여도 서리가 온 모양으로 하얗게 되기 때문에 건조를 지연시키는 시너가 필요하다.
- 백화현상 시험방법은 투명락커를 스프레이용 점도로 하여 시너로써 희석한 후 시험하고자 하는 리타드 시너를 소량 첨가한 후 유리판에 도장하여 온도가 80~90% 되는 실내에 1시간가량 두어 백화현상의 유무를 확인한다.

(12) High Low(High Buid)시너

이것은 고비점 진용제와 저비점 진용제를 적당히 배합하고 중비점 용제는 쓰지 않는 것이 특징이다. 이는 종래의 시너와 비교하여 1회의 스프레이 도장으로 두꺼운 도막을 얻는다.

1) 건조방법

- 용제가 휘발하여 도막이 형성되는 자연 건조형 도료이다.
- 조건은 지촉건조는 30분내이고, 경화건조는 2시간 내이다.

2) 도장 방법

- 붓 도장, 스프레이도장, 침적도장, 담브 도장이며, 스프레이 도장이 이상적이다.

3) 용도

- 적당한 소지로는 목재(가구, 목공제품, 장식품), 철재(자동차, 캐비닛 등) 또는 피혁 제품류
- 부적당한 소지는 알칼리 성분을 갖고 있는 콘크리트계

9.4 도장의 방식효과

9.4.1 부식의 상태

부식은 주위 환경에 따라 그 진행 상태가 상당히 다르므로, 그것에 맞추어 적당한 방식법을 실시한다. 도료에 의한 방식은 다른 방법에 비해 간편하며 실용적이다.

모든 도료는 다소 방식 효과가 있지만, 완전하게 하기 위해서는 도장 전처리 후 적당한 녹 방지 페인트, 중간칠 도료, 마무리칠 도료를 칠해야만 한다. 녹 방지 페인트는 금속 바탕에 직접 작용하여 녹 발생을 방지하며, 중간칠 도료는 물, 산소 그 외 금속에 부식을 일으키게 하는 물질의 투과를 방지한다. 마무리칠 도료는 햇빛, 풍우 등 외계로부터

도막을 파괴하고자 하는 작용에 견디는 작용을 한다. 금속이 녹스는 것을 방지하기 위해 도료를 칠할 때 3단계로 칠하게 된다.

[표 9.25] 아크릴 락커의 용제조성과 용제 기본물성

	저비점	중비점	고비점
(진용제 및 조용제)			
증발속도	빠르다 〈------------------〉 늦다		
가격	싸다 --------------------〉 증가		
유전성	불량 ---------〉 中 -------〉 양호		
건조속도	빠르다 〈------------------ 느리다		
점도	낮다 --------------------〉 높다		
발생결핍	분화 --------------------〉 흐름		
내백화성	불량 --------------------〉 양호		
(희석용제)			
작업성	-----------------------〉 증가		
가격	낮다 --------------------〉 높다		
유전성	적당 -----------〉 55% 이상에서 급 불량		
방향족	---------------〉 65% 이상에서 수지 석출		
지방족	---------------〉 55% 이상에서 수지 석출		

9.4.2 방식용 도료

(1) 방청도료(rust resisting paint)

금속 바로 위에 제일 먼저 칠하는 것이 하도, 하도 위에 칠하는 것이 중도, 중도 위 가장 겉표면에 칠하는 것이 상도이다. 이 중 특히 하도는 방식효과가 가장 좋으며, 또 그 효과가 도장계 전체의 방식성에 큰 영향을 갖기 때문에 특수한 조성을 지닌다. 이와 같은 특수한 조성을 갖고 방식성을 주목적으로 하는 도료를 말한다.

- 하도 : 방청 안료나 특수한 기계를 사용해서 가장 방식성능을 크게 한다.
- 중도 : 하도의 방식효과를 보충하고, 하도와 상도의 밀착을 보완해 준다.
- 상도 : 도막이 주어진 외적 조건에 대해서 큰 저항성을 갖고 중도도막을 보호하며, 필요한 색상과 미관을 나타낸다.

  - 금속이 녹스는 것은 공기·물·이산화탄소 등의 작용에 의한 것인데 이 도료는 각종 금속, 특히 철이 녹스는 것을 방지하기 위한 것이다.
  - 방청도료는 이것들과 금속면과의 접촉을 방지하고 또 화학적으로 녹의 발생을 막는 두 가지 작용을 해야 한다.
  - 초벌칠용은 바탕금속에 대한 부착력이 강해야 하며, 덧칠용은 도막이 공기나 수분을 통과시키지 않고 균열이 잘 생기지 않으며 내흡수성, 내후성, 내구력이 커야 한다.
  - 건성유와 방청안료를 조합한 유성 페인트가 주가 되며, 광명단(사삼산화납)과 보일유를 조합한 광명단 페인트가 널리 사용된다.
  - 광명단 대용 방청도료로는 아연분말, 아산화납, 염기성 크롬산아연(아연황), 염기성 크롬산납(징크 크로마이드) 등의 안료를 사용한다.
  - 염기성 크롬산아연과 염기성 크롬산 납은 화학적 방청작용이 있다.
  - 이외에 산화철분이나 벵갈라(鐵丹) 단독 또는 아연화(亞鉛華)·광명단과의 혼합물을 안료로 하는 것이 있다.
  - 한편 전색재로는 덧칠이나 초벌칠에 각각 알맞은 것을 사용하는데, 보일유 외에 오일 니스, 합성수지 니스 등이 많이 사용된다.
  - 근래에 알루미늄·아연·주석 등의 금속에 대한 방식처리에 염기성 크롬산 아연과 인산, 부티랄 수지를 알코올·케톤·물로 된 혼합용제로 분산시킨 도료가 사용되고 있으며, 이를 에팅 프라이머라 불린다.
  - 선박, 차량, 일반 금속재의 도장을 우선 이것으로 방식처리하고, 이어서 도장하는 방법이 널리 쓰이고 있다.
  - 또한 선박 바닥을 바닷물이나 고착생물의 부착으로부터 보호하는 도료도 방청도료의 일종이다.

(2) 마감 도료

KS의 품질규정에 있는 마감 도료의 품질 기준은 락커와 하이 솔리드 락커 뿐이다. 아크릴 락커 및 기타의 마감 도료에 대해서의 품질 규정은 수요자 규격이 얼마간은 되어 있으나 공적인 것은 없다. 마감 도료에 있어서 중요한 것은 좋은 안료를 선택하는 것이다. 가능하면 보수용 도료도 라인용과 같은 안료를 쓴 도료를 사용하는 것이 바람직하다. 도료 제조원에서는 조색의 합리화 때문에 계량조 색계를 확립하고 있는 곳이 있는데, 그 지정 처방에 따르는 것도 한 방법일 것이다. 또 메탈릭 에나멜로는 메탈릭 베이스의 종류와 양이 색에 크게 영향을 준다.

색 배합의 일반적 주의를 잘하고 색의 비교는

- 주위의 색에 영향을 주지 아니하는 밝은 곳을 택한다.
- 반드시 여러 각도로 봐서 색을 확정할 것 등의 배려가 바람직하다.
- 더욱 락커계 도료에서는 광택이 충분치 않을 때가 있으나 이럴 때는 동종의 투명 도료를 적정 에나멜에 첨가하여 바르면 좋다.
- 입자가 적은 광택제를 써서 전동 광택기로 닦으면 우아한 광택감이 얻어진다.

(3) 알루미늄도료(aluminium paint)

- 알루미늄의 분말을 유성 니스에 안료로 넣어 은색광택을 내는 도료이다.
- 알루미늄은 대기 중에서 산화되면 알루미나(산화알루미늄)라는 산화피막이 형성된다.
- 산화막이 형성되면 더 이상 산화가 내부로 침식되는 것을 방지하는 성질이 있다.
- 이 성질을 이용하여 녹막이 도료로 이용된다.
- 내구력, 피복력, 철강재의 산화 방지력이 크다.
- 주로 옥외 도료로 사용되는데, 완전 불투명하고 광선의 반사성도 좋다.
- 내열성이 있어 방열의 목적으로 석유탱크, 냉동차 등의 외부도장에 쓰인다.

9.4.3 UV 코팅에 의한 방식

자외선 경화는 20여 년 전까지만 해도 도료를 건조하기 위해 열에너지를 이용하며 열에너지를 이용하여 합판이나 가구용 도료는 아미노 알키드 수지도료, 우레탄도료, 저온·고온방식의 소부용 에나멜 등 도막형성을 위한 것이었다. 70년대 초부터 이 열에너지의 대체에너지가 도막의 건조에 이용되어 왔다. 방사선 에너지를 화학반응에 응용하여 많은 산업분야에서 유효하게 이용되고 있으며, 도료분야의 광경화성 수지를 개발·발표하여 목공·도장업계에 큰 파문을 불러 왔다. 가구업계를 포함하여 인쇄잉크, 낚시업계 등에서 시설을 투자 실용화 되어왔다.

(1) 자외선(U.V.)

실제 자외선 도료의 경화에 유효한 파장은 200~400nm(UV-A, UV-B, UV-C)이다.

전자기의 분광도(ELECTRO MAGNETIC SPECTRUM)에 의한 전자파 분류는 아래와 같다.

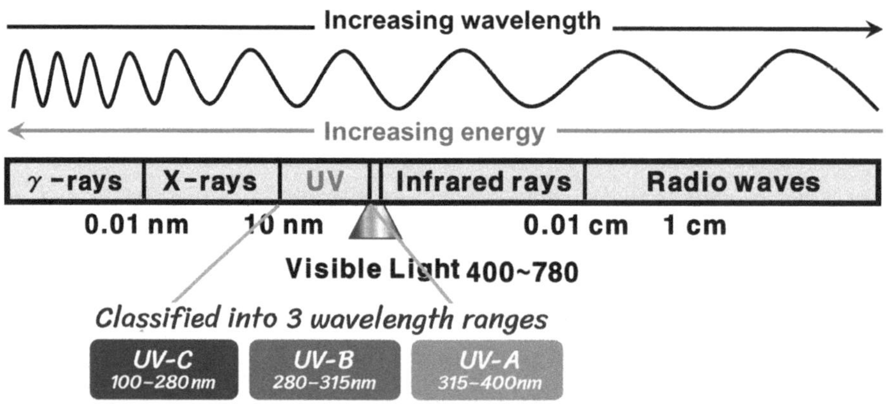

〈그림 9-6〉 전자파의 분류

(2) 자외선 경화 원리

자외선 경화란 액상의 중합성 단량체(모노머)들이 자외선을 흡수하여, 화학적인 반응을 이루어 건조되는 과정을 말한다. 따라서 자외선 경화도료는 이러한 모노머들과 자외선을 흡수할 수 있는 광 증감 물질로 구성되어 있다.

(3) 경화속도에 영향을 미치는 요인

1) 도료의 성분

- 고분자 화합물의 화학적인 성질, 감광제의 타입, 안료 및 체질 안료의 양과 불투명도 등 여러 가지 구성 물질에 따라서 경화속도가 달라진다.
- 특수한 건조 조건에 맞는 도료의 주문사용과 특수제품 규격에 맞게 설계된 제품 사용이 바람직하다.

2) 도막두께

- 자외선 경화용 도료에 있어서는 도막의 두께가 가장 중요하다.
- 도막두께와 건조 속도가 가장 효과적인 결과를 얻기 위해서는 도료 공급회사가 추천하는 정확한 허용범위로 고정해야 한다.

3) 흡수되는 자외선 에너지의 양

- 자외선 흡수밀도(면적 단위당 흡수되는 자외선 에너지의 양)에 따라 경화속도가 달라진다.
- 또한 표면에 흡수되는 에너지 밀도는 자외선 강도의 척도가 되며 보통 자외선 강도는 매초 $m^2 W$로 표시된다.

4) 방사되는 에너지 파장

- 경화속도는 표면에 직사되는 파장의 형태에 따라 억제될 뿐 아니라 또한 촉진될 수 있다.
- 따라서 램프(광원) 로부터 방사되는 자외선광의 분광성질은 화학반응을 일으킬만한 파장범위와 일치되어야 한다.

(4) 자외선 광원 및 조사장치

1) 광원장치

- 자외선을 방출하는 광원장치 중에서 가장 상업적으로 유용한 것으로서는 투명한 용기에 자외선을 대량 방출하기 쉽게 수은을 봉입하여 그 속에서 방전을 일으키게 하는 방법이다.

- 수은은 저온에서 액화가 되며 증기압도 높아 자외선 방출 물질로서는 최적의 물질 중의 하나이다.
- 현재 자외선 조사장치로 시중에 판매되고 있는 것이 특수고압(또는 중합, 저합) 수은램프를 사용하며 출력을 보통 80W/㎝을 갖는 것이 보통이다.

2) 조사장치

- 램프의 반사경과 소지와의 거리는 자외선 조사장치 제조회사에 따라 다소 차이는 있으나 보통 8~10 cm가 적합하다.
- 반사경의 종류로서는 타원형과 포물선 모양의 반사경 2종이 있다.
- 타원형 반사경은 집광이 되고 단위면적당 에너지가 높기 때문에 특수 고압 조사용으로 단시간에 경화된다.
- 포물선 반사경은 평행 광선으로 반사되기 때문에 입체 형태물이나 파티칼 보드의 훨라용으로 쓰인다.
- 자외선 조사장치는 설치 시 램프의 효율, 램프의 냉각, 배기 안정성, 조작법 등 충분한 고려를 한 다음 구입하는 것이 바람직하다.

(5) 자외선 경화용 도료의 용도

- 종이도장, 마루판 및 가구도장
- PVC 도장, PVC FLOOR TILES
- POLY STYRENE FILMS, 폴리우레탄
- METAL BOX 의 도장

(6) 자외선 경화도료의 특징

- 자외선 조사로서 아주 단시간(초 단위)에 완전 경화된다.
- 도료는 1액형으로 사용 가능하기 때문에 가사시간의 걱정이 없고 취급이 간편하다.
- 가열이 부적당한 소재의 도장에 적합하다. (예) 목재, 프라스틱, 종이 등
- 무용제형 도료로서 거의 100% 도막성분이다.

- 설비비가 비교적 싸고 좁은 공간에 설치 가능하다.
- 높은 중합도의 두터운 도막을 얻을 수 있다.
- 공정단축, 생산성향상 및 공해방지에 기여한다.

(7) 자외선 경화 형 도료 저장 시 주의사항

- 이 도료는 광선의 자외선에 의하여 경화가 이루어지므로 광선을 피하여 선선한 장소에 보관하는 게 바람직하다.(18℃ 이하의 냉암소에 보관하는 것이 바람직하다.
- 도료 저장기간은 보통 상온에서 1개월이며 온도가 높을수록 짧아지기 때문에 창고에 저장된 도료는 반드시 들어온 순서대로 사용해야 한다.
- 1미터 이상의 적재는 피하고 건물의 내벽에서 30 ㎝ 이상 떨어져서, 품목별로 보관한다.
- 화기를 사용하는 주위에는 절대로 보관하지 않는다.
- 작업 시 손이나 눈에 도료가 닿지 않게 특히 주의하며 접촉 시는 즉시 비눗물로 닦아낸다.
- 알레르기성 체질의 작업자는 되도록 작업을 피하는 것이 바람직하다.

(8) 도료의 건조방법

도료는 반응형 이든 비반응형 이든 자연 건조법인가 소부 건조법인가에 따라서 경화건조 된다. 소부에 의해서 건조되는 도료는 자연건조에서는 건조가 되지 않으나 자연건조에서 건조되는 도료는 소부에서도 건조가 된다.

1) 건조의 기본조건

- 도장실에서의 조건은 통풍, 환기를 일정하게 유지해야 한다.
- 특히 자연건조 때 적당한 공기가 흐르도록 해야 한다.
- 건조실의 온도, 습도를 적당히 유지해야 한다.
- 재도장시는 매회 충분히 건조된 후 재도장 해야 한다.
- 소부건조 때는 일정한 시간을 셀팅 후 소부하고 소부로부터 용제가 증발하여 배출되도록 해야 한다.

2) 건조의 단계

- 지촉건조.(도막을 손끝으로 가볍게 눌러서 손에 묻지 않을 때)
- 경화건조.(도막을 손끝으로 강하게 눌러 비벼도 지문이나 흠집이 없을 때)
- 완전경화건조(손톱으로 도막이 긁히지 않을 때)
- 소부 건조형 도료는 도막의 평활성을 좋게 하고 핀 홀 현상을 방지하기 위하여 일정기간(5~20분)을 방치(셋팅)한 후 소부로에 넣는다.
- 온도는 천천히 올리는 것이 좋으며 급격히 올리면 핀 홀이 생긴다.

9.5 유기피막 불량대책

9.5.1 은도금의 후처리 불량대책

(1) 은도금의 특징

은도금은 신속하게 변색되는 특징을 가지고 있으므로 도금 후에는 후처리를 반드시 하여 변색을 방지해야 한다.

(2) 변색 방지공정

- 은도금 → 수세 → 변색 방지제 → 수세 → 건조
- LED 리드 후레임 용 후처리로 적극 권장한다.

[표 9.26] 은도금의 불량원인과 불량대책

불량현상	불량 발생원인	대책
광택 불량	전처리 불량 은 스트라이크 액의 오염 은 스트라이크 도금 불균일 은 농도의 부족 음극진동불충분 SSILBRITE-B의 부족	탈지, 산처리, 화학연마 실시 활성탄 여과 실시 액 분석 약품 보충 충분한 음극진동 실시 광택제 보충
타는 도금	전류밀도과대 광택제 부족 유리시안화물 부족	적정전류밀도 유지 SSILBRITE-B의 보충 은 농도의 3~5배
밀착 불량	전 처리 불량 은 스트라이크 도금불량 소지의 이상	전 처리 활성화 검토 분석하여 약품 보충 원소지의 이물상태 확인
저전류 부분 구름낀 현상	은 농도의 부족 도금액 불순물 혼입 유리시안 부족 SSILBRITE-R의 부족 광택제 부족	은 농도를 높여준다. 활성탄으로 여과 실시 은 농도의 3~5배로 유지 SSILBRITE-R을 보충
황미액 도금	금속분 부족 액의 오염	은 농도를 적정수준으로 조절 활성탄으로 여과 실시
도금 두께 불균일	유리시안화물의 부족 랙크 설계의 이상 전류밀도 불균일 도금액의 온도이상	도금액을 분석하여 약품 보충 음극이동 조절 적정 전류 조절 냉동기 점검

(3) 은도금시 발생되는 대표적인 불량 및 대책

- 광택 불량은 충분한 음극진동 실시 및 광택제 보충 등으로 해결이 가능하다.
- 밀착불량은 약품분석과 보충, 원소지의 이물질 상태 확인으로 해결이 가능하다.
- 저전류 부분의 구름 낀 현상은 은의 농도를 높여주거나, 활성탄으로 여과를 실시하여 해결이 가능하다.
- 도금 두께 불균일은 도금액을 분석하여 약품을 보충하거나 적정 전류 조절로 해결이 가능하다.

9.5.2 락커 도장 불량대책

(1) 라커 도장시 주의사항

- 강제 건조한 때에는 급격하게 가열하게 되면 광택의 손실과 핀홀(Pin hole)이 생기므로 주의한다.
- 핫 스프레이 법으로는 핫 스프레이용 시너를 사용한다.
- 칠솔질을 할 때에는 도장하기가 어려우므로 시너로는 리타더 (Retarder) 시너(느린 시너)를 사용하면 된다.
- 중복하여 칠할 때에는 1회째의 도장에는 시너의 양을 적게 하고 여러번 칠(에나멜 1에 대하여 시너 1.2 정도)을 하는 것이 좋다.
- 고온 다습할 때 특히 2~3월경에는 백화현상이 생기는 일이 있는데 이때는 리타더 시너를 10% 내외 혼합하거나 피도장물을 가온하거나 핫 스프레이 법으로 작업을 한다.
- 폴리싱 할 때에는 잘 건조(가급적 3일 후)하여 연마를 해야 광택이 잘난다.

(2) 락커 도장시 불량대책

- 습도(80% 이상일 때)가 높을 때 도장을 하면 백화현상이 일어나는데 리타드 시너 10~20% 희석해 사용하여 해결한다.
- 도장 시와 건조 시와의 온도차가 너무 높아도 안 되며, 낮은 습도에서 스프레이 도장을 하면 도막두께가 엷어진다.
- 스프레이 압력이 너무 높아도 백화현상이 일어나기 쉬운데 보통 2.5~3.5 kg/cm^2가 적당하며, 내수성이 나쁜 하도 도료를 사용하였을 때는 물집이 생기기 쉽다.
- 스프레이건과 도면의 거리가 멀거나 가까우면 귤껍질 현상이나 도막두께가 불균형해질 염려가 있으며, 도막 팽창계수가 다를 때는 도막이 갈라질 염려가 있다.
- 시너속의 불순물(비휘발성물질)이 다량 포함되어 있으면 건조불량, 광택불량 등이 일어나기 쉽고, 시너의 증발속도가 너무 빠르거나 늦어도 불량이 된다.
- 스프레이시나 공기속의 수분이나 유분이 섞여 있을 시는 Pin-Hole이 일어나기 쉽고 이것이 심했을 때는 Fish Eye와 같은 현상이 일어나기 쉽다.

- 도장 후 반드시 5~10분 정지 후 건조시키지 않고 갑자기 온도변화를 일으키면 Pin-Hole 현상이 일어나기 쉽다.
- 목재 도장 시 흡수방지가 일정치 않거나 점도가 높고 한꺼번에 너무 두껍게 칠하면 기포가 일어나기 쉽다.
- 습도가 높고 온도가 너무 낮을 때나 서로 타 회사 재료와 시너를 사용했을 때, 도장된 도막에 먼지타가 많은 현상이 일어난다.(Peeling)
- 낮은 온도에서 도료의 희석을 지나치게 했을 때나 스프레이 토출량이 너무 클 때 흐름 현상이 일어나기 쉽다.
- Floating 현상 : 도료희석을 너무 지나치게 하면 유색도료(카본, 유기안료 등) 중 안료 비중, 안료분산 불량에 의해서 색 분리나 색 얼룩이 생기기 쉽다.
- 건조과정에서 반응을 하는 도료가 완전히 건조 안 된 도막위에 락커 도장을 하면 하도 도막에 주름현상이 일어나기 쉽다.
- 유광 락커가 오래된 도면에 무광택 락커를 도장했을 때 부착불량과 상도도료가 갈라질 염려가 있다.
- 불충분하게 건조가 된 도막위에 다시 상도도장을 하면 건조가 늦어진다.
- 락커 시너가 건조가 너무 빠르면 스프레이시 도료가 피도물에 닿기 전에 일부 시너가 증발해 버리기 때문에 건조된 도막은 거친 면이나 광택부족 등이 일어난다.
- 핫 스프레이 도장시는 반드시 Hot용 시너를 사용해야 한다.
- 폴리싱(Polishing)할 때는 잘 건조시켜서 (2일 후) 연마하지 않으면 광택이 영향을 끼칠 염려가 있다.
- 락커는 내후성이 일반적으로 나쁘고 살붙임이 적다. 이들을 개량하여 높은 것이 최근 보수도장(Touch Up)이나 내후성을 요구하는 속건성이고 광택, 연마성, 폴리싱 결점, 살붙임을 좋게 해 놓은 것이 아크릴 락커 도료로서 많이 사용되고 있다.

(3) 락커 도장시 발생하는 오렌지 필(Orange Peel)현상의 원인과 대책

오렌지필은 도막의 표면이 오렌지껍질과 같은 생기는 현상으로 거울처럼 매끈하지 못하고, 외관품질이 나쁘다. 그로 인하여 난반사를 유발하게 된다.

[표 9.27] 오렌지필 현상의 원인과 대책

현상	건조된 도막모양이 귤껍질같이 나타나는 현상
원인	스프레이건과 피도체 사이의 거리가 멀 때.
	스프레이건 압력을 낮게 하고 건토출 시 미립자화가 잘 안될 때.
	상도 도막이 너무 얇을 때.
	스프레이건에서 공급되는 페인트량이 적을 때.
	페인트 점도가 너무 높을 때.
	신나 건조가 너무 빠를 때.
	표면온도나 스프레이 시 온도가 너무 높을 때.
대책	페인트에 따라 적당한 스프레이건 사용한다.
	온도에 따라 적당한 신나를 선정한다.
	기술자료집에 명시된 사용법에 따라 스프레이 점도를 조정한다.

(4) 락커도장시 발생하는 벗겨짐, 박리현상의 원인과 대책

[표 9.28] 락커도장시 박리현상의 원인과 대책

현상	도막이 피도물에서 벗겨짐
원인	피도물에 왁스, 실리콘, 오일, 물 등이 잔존할 때.
	도료가 흡수성이 클 때.
	건조불충분 또는 과도막.
	너무 평활한 금속면.(도료 선정 잘못)
	도료 도장 시 너무 저온일 경우.
	신나의 휘발이 너무 빠른 경우.
대책	소지처리를 충분히 청결하게.
	도장실 조건 개선.
	규정의 조건대로 개선.
	샌딩 등 소지처리.
	규정의 온도에서 작업.
	규정의 신나 사용.

(5) 락커도장시 발생하는 부풀음(Blister) 현상의 원인과 대책

부풀음은 도막 층에 크고 작은 기포처럼 부풀어 있는 상태이며, 물, 구리스, 오일 등이 묻어있는 상태에서 도장을 하거나, 소지가 발청되면서 녹이 생성되면서 발생하게 된다.

부풀음은 충분한 수세와 규정에 맞는 도료의 사용 등을 통해서 해결이 가능하다.

[표 9.29] 락커도장시 발생하는 부풀음현상의 원인과 대책

현상	도막의 일부가 하지로부터 부풀어 오르거나, 분산 불량과 같이 미세한 수포를 발생하는 것
원인	고온다습 상태에서 장기 방치
	도막 아래의 부식
	수언마 후에 수세 불충분
	도면에 땀, 지문 등의 오염
	도막 미건조(건조부족)
	금속표면 처리에 덩어리 부착
	염류를 함유한 물방울 부착
	화성처리 후 수세 불충분
대책	도장물의 보관상태에 유의
	규정의 도료 사용
	충분히 수세
	생지나 오염된 장갑 등 접촉 금지
	규정의 온도를 가열건조
	온수 및 청수를 깨끗이 수세
	탕에 이온수를 이용
	화성처리액 성분이 도면 잔류 금지

10장

도금 후 열처리

10.1 도금 후 열처리 수소취성

10.1.1 수소취성(Hydrogen embritlement)

금속재료 특히 철강 중에 흡수된 수소에 의하여 강재의 연성과 인성이 저하하고 소성 변형없이도 파괴되는 경향이 증대되는 현상을 말한다. 음극전해탈지, 산세, 전기도금 등에 의해서 생긴 수소가 금속 특히 철강제품에 침투함으써 이로 인해서 부러지거나 깨지기 쉽고 갈라지는 경우도 있다. 수소흡수에 의한 파괴를 자연파괴라고도 부르며 이는 주로 결정입계나 응력집중부위 또는 인장응력이 걸리는 부위에서 주로 일어난다.

이것은 강의 경우 항복강도가 낮은 강철일 때 흡수된 수소가 강의 개재물 속에 모여서 이들 수소분자의 압력으로 깨지게 된다. 특히 MnS, Al_2O_3, SiO_2 등의 개재물이 균열의 기점이 된다. 수소취성은 재료의 강도가 클수록 극미량의 수소에 의해서도 취성이 생기며, 공식부위를 기점으로 하여 발생하기 쉽다. 실용적인 측면에서 수소취성은 부식, 용접, 산세, 전기도금 등과 관련되어 자주 나타나며 재료에서는 스테인레스 강이나 고장력 강에서 현저하게 나타난다.

따라서 최근 철강의 고강도화와 구조부품의 고응력 설계의 추세에 따라 수소취성에 대한 문제점이 재인식되어 그 매커니즘의 해명과 취화 방지대책이 중요시되고 있다.

수소취성에 대하여는 지금까지 수소 흡수량, 인장속도, 소성변형, 미세조직 등 여러 가지 요인에 대한 많은 실험연구가 보고되어 현상적으로는 풍부한 데이터가 축적되어 있다.

경도 320~500 Hv(Vicker's Hardness)사이의 경도를 가지고 있는 열처리가 완료된 탄소강 판재, 그리고 그 제품이 스프링과 같은 역할을 한다면, 후처리로 도금을 선택하는 것은 신중하게 생각해야 한다.

(1) 수소취성이 생기는 이유

철강에 침입한 수소는 원자 중 가장 작아서(1.06Å) 금속격자(2~3Å) 사이를 쉽게 원자상태로 뚫고 들어가기 때문이다.

(2) 수소가스 형성기구

공정 중에 유입 된 수소원자는 다른 원자들에 비해 원자 반경이 1 Å 정도로 매우 작고, 대기압 하에서는 수소원자는 한곳에 오래 머물지 못하고, 1 m/sec이하의 매우 짧은 시간 내에 움직이며 금속과의 친화력이 높아 쉽게 금속 쪽으로 이동해 간다.

- H^+ 이온이 음극 상에 흡착된 수소(H)로의 환원($H^+ + e^- \rightarrow H$)
- 흡착된 수소(H)가 분자상의 수소(H_2)로의 결합($H + H \rightarrow H_2$)
- H^+ 이온이 음극 상에 흡착된 수소(H)와 결합하는 동시에 환원 ($H + H^+ + e^- \rightarrow H_2$)
- 산에 금속이 용해될 때 수소가스 발생($M + 2H^+ \rightarrow M_2 + H_2$)

이동된 수소원자는 강 내부에 용해되어 존재하거나, 결정입계, 결정결함 등에 침투하여 존재하며, 이러한 상태에서 외부적으로 응력을 받게 되면 취약한 부분에 존재하고 있는 수소량의 압력이 커지게 된다. 따라서 균열(Crack)의 근원이 되어 Micro-Crack을 유발하고, 더욱더 균열(Crack)이 전파되어 결국에 가서는 재료의 파괴가 일어난다.

다만 취화기구에 대하여는 격자결함의 수소흡착에 의한 흡착 에너지설, 격자결함 내의 수소 압력설, 격자원자와 수소원자의 상호 작용설 등이 제안되고 있으나 아직 일반적으로 인정되는 정설은 없는 형편이다.

(3) 수소취성 유입공정

탈지(부식성의 약품을 사용) → 산처리 → 전해탈지 → 전기도금 → 박리 → Stamping & Forming 후 수분 및 습기의 영향 → 용접 시 건조 상태가 아닌 용접봉으로부터 혼입

(4) 인장강도에 따른 수소취성 방지처리

- 100 kg/mm^2 미만은 특별히 수소취성 방지대책을 고려할 필요가 없다.
- 100~200 kg/mm^2 는 수소취성의 기회를 적게 하고 응력분포를 균일화하며, 불필요한 응력집중을 피한다.

- 120~150 kg/mm^2은 수소취성의 기회를 계획적으로 제한하고, 베이킹처리를 실시하며, 특별한 작업관리 하에 조립작업을 행한다.
- 150~200 kg/mm^2은 산처리에 따른 산화물 제거를 피하고, 표면사양은 기계적 방법에 따른다. 수소흡착이 적은 도금 욕을 사용하여 도금한다.
- 사용 전 LOT별로 품질확인, 조립 후 방식처리를 실시한다.
- 200 kg/mm^2이상은 전기도금 시 수용액을 사용하지 않는 도금법을 추천한다.

(5) 산세공정에서의 수소취성 방지대책

산세처리는 약산에 의해 제품의 외관에 이물질을 제거하는 역할 정도로 본다. 하지만 도금업체에서는 산의 농도나 처리시간에 대해서 무신경하다. 업체 관리자는 수소취성이 문제가 될 제품이년 수세처리를 한다고 한다. 그러나 수소취싱이 무엇인지도 모른 상태에서 부식방지용 후처리로 도금을 선택한 설계담당자라면 분명히 놓치고 갈 부분이다. 물론 취성제거 작업도 어떻게 이루어지는 지도 모를 것이다.

- 수소가스는 녹이나 스케일을 제거시키는 기계적 작용을 촉진시키는 역 할도 하지만 산화물을 금속으로 환원시키는 역할도 한다.
- 질산은 거의 수소취성 유발이 없다.
- 황산은 수소취성을 유발시키는데 예방을 위해서는 농도보다 온도를 높이는 것이 효과적이다.
- 황산은 휘발성이 없으므로 50~60℃의 높은 온도에서 사용되나, 너무 농도가 높으면 산화성의 산이기 때문에 산화제로 작용하여 스케일 제거능력이 약화된다.
- 염산도 수소취성을 유발시키는데 온도보다는 농도를 높이는 것이 효과적이며 휘발성이 있어서 20~30℃의 상온에서 10% 정도로 처리한다.
- 염산은 농도를 높이면 소지의 부식이 생기기 쉽다.

억제제는 산식 방지 및 수소취성 방지효과가 있다. 티오요소(Thioureas)는 옛날부터 산에 의한 부식 방지제로 알려져 있지만, 수소취성의 억제는 없고 오히려 높게 되는 경향이 있다. 산 용액중에 As, Se, Te, S, P 등이 존재하면 수소 과전압이 높게 되어 강의 수소 흡수량이 증가된다.

억제제 사용 시 주의할 점으로는 수소취성의 억제효과가 큰 억제제를 사용할 때 다음과 같은 경우에는 억제효과가 없게 된다.

Rack나 Barrel 전극이 아연도금 된 상태에서 산처리를 할 경우 연과 철사이에 전지를 형성하고, 철에 전자가 공급되어진다. 그 결과 억제제가 흡착되지 않고, 철 표면에 수소이온의 방전이 촉진되어 수소원자가 강 내부로 침투되기 때문에 억제제의 효과가 없게 된다.

억제제가 강 표면에 흡착되어 도금의 밀착불량이 일어나는 경우가 있으므로 주의를 요한다. 따라서 산세시에는 수소취성을 억제하고 동시에 다음의 수세공정에서 용이하게 제거되는 억제제 사용이 유리하다.

(6) 도금처리

시간과 더불어 전위차 그리고 눈에 보이지도 않는 수소이온의 농도도 중요하다고 한다. 고강도강에 대해서 이러한 문제점이 전기도금에서만 생기는 것은 아니다. 용융도금에 도금금속의 모재 침투에 의한 액체금속취성(liquid metal embrittlement)가 발생하여 균열이 생기는 위험성이 있다고 한다.

[표 10.1] 도금의 종류와 조건에 따른 수소취성율

도금종류	도금조건	수소취성율(%)
시안화 아연욕	$2A/dm^2$ $10min$	68
징케이트욕	$2A/dm^2$ $10min$	50
염화 암모늄욕	$2A/dm^2$ $10min$	4
우드 니켈욕	$1A/dm^2$ $30min$	5
와트 니켈욕	$3A/dm^2$ $2min$	1미만
설파민산욕	-	1미만
저시안 구리욕	$4A/dm^2$ $1min$	65
중시안 구리욕	$4A/dm^2$ $1min$	24
고시안 구리욕	$4A/dm^2$ $1min$	69
크롬 도금욕	-	82%
니켈-철합금 도금욕	$3A/dm^2$ $20min$	2
이연-니켈 합금 도금욕	-	1미만
무전해 니켈 도금욕	90℃ 1Hr	23

10.1.2 니켈도금의 수소취성

니켈도금, 염화아연도금 등은 수소취성율이 매우 낮으나, 시안화아연도금 및 시안화구리도금은 수소취성율이 높다. 이는 물을 전기분해로 사용하는 도금액에 있어서 음극전류효율이 낮은 알칼리욕에서 높은 취성율을 보인다.

(1) 수소취성

- 니켈도금은 철소재의 수소침투량은 타 도금에 비하여 매우 적다.
- 이는 초기 전착 시 짧은 시간동안만 수소가 침투하고 연속적인 수소의 침투와 투과는 발생하지 않기 때문이다.
- 특히 와트욕의 취성은 적으며, 도금의 초기에 스트라이크 도금을 하는 경우 더욱 적게된다.

(2) 수소취성의 제거

- 수소는 열처리(베이킹)에 의하여 소재로부터 방출되나 도금피막의 성질에 따라 어려운 것도 있다.
- 니켈도금은 전염화물 욕 또는 전황산염욕에서는 수소가 쉽게 방출되나, 와트욕에서의 방출은 어렵게 된다.
- 수소취성은 재료의 강도가 높은 쪽이 영향을 받으며, 합금성분과는 관계가 없다.
- 강의 소재로 훼라이트, 마르텐사이트는 쉽게 수소취성을 발생한다.
- 오스테나이트계는 수소흡장은 쉽게 되어도, 수소취화는 쉽게 되지 않는다.
- 따라서 탄소강, 고합금강의 고강도소재에는 조금이라도 수소의 발생이 예견된다면 문제 발생을 피할 수 있는 방법을 모색하여야 한다.

10.2 수소취성 방지 및 제거공정

수소취성은 고탄소강이나 열처리 또는 냉간가공 등에 의한 표면경화 된 철강소재에서 발생하기 쉽다. 도금공정 중에서는 산세, 음극 전해탈지, 음극 전해산세에서 많이 발생하고, 알칼리성 아연도금에서 수소가 공석되는 도금에 많이 발생한다.

제거방법은 가열 열처리하여 흡장된 수소를 방출하는 방법이 사용되고 있으며, 이를 통상 베이킹(열처리)처리라 하고 200℃ 정도에서 4시간 가령 실시한다. 이 베이킹은 금속의 종류, 피막상태, 도금의 종류, 소재의 두께 등에 따라서 다르다. 일례로 아연 도금층은 수소가 통과하기 힘들고 같은 아연이라도 광택도금이 또 두께가 두꺼운 도금이면 수소의 방출이 힘들므로 베이킹 시간이 길어야 한다.

그러나 문제가 생기고 수소취성 제거 작업에 대해 다른 업체에 문의를 해 봐야 동일한 이야기를 한다. 금속의 종류, 소재의 두께 등에 따라서 다르게 처리해야 된다고 하지만 취성 제거 작업은 거의 모든 업체가 200℃에서 3~4시간 처리하고 마무리 한다.

ISO의 규격에서는 수소취성을 제거하는 베이킹 방법으로 1050Mpa 이상의 철강부품은 190~220℃에서 8~24시간의 열처리를, 표면경화부품은 130~150℃에서 2시간의 열처리를 규정하고 있다. 또 1200MPa 이상의 철강부품에 대해 ASTM에서는 190℃, JIS에서는 190~230℃의 베이킹 처리를 규정하고 있다.

10.2.1 수소취성 발생 전 대책

- 전해탈지에서 철강의 경우는 양극탈지를 하도록 한다.
- 산세공정을 생략 또는 짧은 시간에 하도록 하며 산 억제제 등을 첨가한다.
- 수소취성이 많이 생기는 고탄소강 등은 산처리 대신 블라스팅 등 기계적 녹 제거나 특수 알칼리 탈청 방법을 사용한다.
- 아연도금에서는 산성아연도금이나 특히 메커니컬 도금을 하도록 한다.
- 구리도금 시 시안화구리보다 피로인산구리도금이 가볍게 생긴다.

10.2.2 수소취성 발생 후 대책

금속의 제조, 부식성 약품을 사용한 탈지, 산세처리, 전해탈지, 전기도금, 소성가공, 용접시 혼입될 수 있는 수소를 가능한 한 차단하고 열처리를 포함한 적절한 방법으로 제거해야 한다.

- 산세 후 가열된 알칼리용액에 넣어서 침입한 수소를 도금하기 전에 제거한다.
- 도금 후처리로 베이킹을 200℃ 정도 저온에서 실시하나, 그 이상을 사용하는 경우도 있다.
- 산세에서 수소를 흡수한 강은 190℃±15℃에서 약 30분간 실시한다.
- 크롬 도금된 강은 190℃±15℃에서 약 3시간 실시한다.

(1) 도금 시 인장강도에 따른 수소취성 방지처리

- 인장강도가 낮은 제품은 특별히 수소취성 방지대책을 고려할 필요가 없다.
- 인장강도가 클수록 수소취성이 발생할 수 있는 기회를 적게 하고, 응력분포를 균일하게 하여 불필요한 응력집중을 피한다.
- 인장강도가 큰 제품의 경우는 수소취성의 기회를 처음부터 제한하고, 수소흡착이 적은 도금 욕을 사용하여 도금을 실시하며 베이킹처리 등을 실시한다.
- 인장강도가 매우 큰 제품은 전기도금 시 수용액을 사용하지 않는 도금을 한다.

(2) 산세공정에서의 수소취성 방지대책

산세처리는 약산으로 제품 외부의 이물질을 제거하는 역할 정도지만 수소취성이 문제가 될 제품이면 유의해야 한다.

- 수소가스는 녹이나 스케일을 제거시키는 기계적 작용을 촉진시키는 역 할도 하지만 산화물을 금속으로 환원시키는 역할도 한다.
- 질산은 수소취성 발생시키는 일이 거의 없으나, 황산은 많이 발생시키는데 예방을 위해서는 농도보다 온도를 높이는 것이 효과적이다.(보통 50~60℃)
- 염산도 수소취성을 일으키는데 온도보다는 농도를 높이는 것이 효과적이며, 휘발성이 있어서 20~30℃의 상온에서 10% 정도로 처리하는데, 농도를 너무 많이 높이면 소지금속에 부식이 생길 우려가 있다.

* 수소취성(hydrogen embrittlement)

피도금물이 전처리나 도금처리 과정에서 수소를 흡입 저장하여 무르게 되는 현상을 말한다. 보통의 연강도 수소취성을 일으키며 Hv400이상, 항장력 133㎏/㎟ 이상으로 열처리한 고탄소강 또는 저합금강(Cr, Mo 강 또는 Ni-Cr-Mo 강)이나 마르텐사이트형 스테인레스강(13Cr 스테인레스) 등은 수소취성을 일으키기 쉽다. 즉 공정에 의해 생긴 수소가 금속 특히 철강제품에 침투함으로써 이로인해 부러지거나 깨지기 쉽고 갈라지는 현상을 유발하는 것을 말한다.

* 베이킹 처리(Baking treatment)

수소취성을 해결하기 위해서 베이킹(Baking) 처리를 실시한다. 베이킹이란 열처리에 의해 수소를 방출시키는 방법이다.

산세과정에서 수소를 흡수한 강은 190℃±15℃에서 약 30분간 베이킹 처리한다. 크롬 도금된 강은 190±15℃에서 약 3시간 베이킹 처리한다. 아연도금의 경우는 베이킹 처리가 어렵고 강의 내부까지 HRc 45~52인 경우는 베이킹 처리하면 역효과가 있으나 표면경도만으로 내부경도가 낮은 HRc 38 이하인 경우 베이킹 처리 효과가 있다.

11장

표면처리 용어정리

11.1 공통일반

◑ **도금욕(plating bath)**

도금액이 도금조 내에 들어 있는 상태의 경우를 말한다.

◑ **균일 전착성(throwing power)**

두께가 균일한 도금을 입힐 수 있는 도금욕의 능력.

◑ **부동태(passivity)**

화학적 또는 전기 화학적 반응이나, 용해가 정지되는 특수한 표면 상태.

◑ **양극(anode)**

금속이 전기 화학적으로 용해되는 극, 불용성의 경우에는 음이온이 반전되는 극.

◑ **양극 찌꺼기(anode slime)**

금속을 양극으로 하여 전해했을 때, 전기 화학적으로 용해되지 않는 찌꺼기.

◑ **욕전압(bath voltage)**

도금욕 중에서 양극과 음극 사이에서 형성되는 전압.

◑ **음극(cathode)**

금속 또는 수소가 전기 화학적으로 석출되는 극.

◑ **전기도금(electroplating)**

금속 표면 또는 비금속 표면에 내식성이나 내마모성을 부여하고, 장식용등의 목적으로 밀착성 금속 피막을 전착하는 표면처리 기술과 그 피막을 말한다.

◑ 전류 밀도(current density)

전극의 단위 면적당 전류의 크기.

◑ 전류 효율(current efficiency)

이론 석출량에 대한 실제 석출량의 비율을 백분율로 표시하는 것.

◑ 전주(electroforming)

전착에 의한 금속제품의 제조나 복제를 말한다.

◑ 평활 작용(leveling)

소지의 미세한 요철이나, 연마자국 등을 평활하게 하는 전기 도금욕의 능력을 말하며, 일명 `레벨링`이라고도 한다.

◑ pH

수소 이론 농도의 역수의 대수로서, 도금 공정에서는 용액의 산도 또는 알칼리도를 표시하는데 쓰인다.

◑ 피복력(covering power)

낮은 전류 밀도에서도 도금을 가능하게 하는 도금욕의 능력.

◑ 활성화(activastion)

표면의 부동태를 파괴할 목적으로 하는 처리.

◑ 귀금속(noble metal)

표준 수소 전극과 비교해서 높은 전극 전위를 가진 금속. 이온화하기 어렵고, 쉽게 용해되지 않으며 귀하게 된다. 예를 들면 구리는 아연보다, 그리고 금은 구리 또는 아연보다 귀하게 된다.

◑ **공업용 크롬 도금**(electroplaed coatings of chromium for engineering purpose)

주로 내마모성을 부여할 목적으로 시행된 비교적 두꺼운 크롬도금. 경질 크롬 도금이라고도 한다.

◑ **다층도금**(multilayer deposits)

2층 또는 그 이상의 여러 층으로 금속을 석출시킨 도금.

◑ **다공성 크롬 도금**(porous chromium coatings)

도금전 소지 표면을 거칠게 하여 크롬 도금을 하든가, 도금 후 그 표면을 부식시켜서 다공성으로 하여, 기름 함유성을 증대시켜 주기 위해 실시하는 크롬도금.

◑ **미소 균열에 의한 도금**(microracked chromium coatings)

미세한 균열을 균일하게 분포시키기 위해 시행한 크롬도금(내식성 향상의 목적)

◑ **미소 다공성 크롬 도금**(microporous chromium coatings)

미세한 구멍이 균일하게 분포된 크롬도금(내식성 향상 목적)

◑ **미소 균일 전착성**(microthrowing power)

일정 조건하에서 구멍이나 좁은 틈에도, 충분히 도금이 잘 되도록 할 수 있는 도금욕의 능력. 일명 `마이크로드로우잉 파워`라고도 한다.

◑ **복합 도금**(composite platings, composite coatings)

섬유 상태나 입자 상태 등의 분산 상태와 금속이 동시에 복합적으로 석출된 도금.

◑ **보조극**(auxiliary electrode)

균일 전착성, 피복력을 개선하기 위하여 사용되는 보조 음극, 또는 보조 양극.

◑ **소지(basis material)**

피막이 석출되거나 형성되는 재료.

◑ **음이온(anion)**

부에 대전한 이온(-).

◑ **양이온(cation)**

정에 대전한 이온(+).

◑ **전처리(pretreatment)**

도금 공정에 있어서 물품을 도금욕에 넣기 전에 실시하는 여러 공정.

◑ **전류 농도(current concentration)**

전해액의 단위 용적당 전류의 세기.

◑ **전착 응력(stress in electrodeposites)**

전착 금속에 생기는 인장, 또는 압축의 응력.

◑ **천한 금속(base metal)**

귀금속의 반대.

◑ **침지 도금(immersion plating)**

치환 반응에 의하여 물체의 표면에 금속 피막을 형성시키는 것.

◑ **폐수처리(waste water treatment, effluent treatment)**

폐수 중의 오염 물질을 제거하고, 배출 기준에 맞는 수질로 하여 배출하기 위한 처리.

◑ **헐셀(hull cell)**

여러 가지의 전류 밀도에 있어서 전극(음극판) 표면의 상태를 관찰할 수 있도록 만들어진 특수한 형태의 전해조.

◑ **합금도금(alloy platings, electroplated coatings of alloy)**

전기 도금법에 의한 두 종류, 또는 그 이상의 금속. 또는 금속과 비금속의 합금 피막.

◑ **하지(substrate)**

직접 전착되는 소지. 다만 도금의 경우 하지는 소지와 같은 뜻이다. 다층 도금의 경우, 중간도금층을 하지라고 부른다.

11.2 도금공정 및 조작

◑ **공업용 크롬 도금(industrial chromium plating)**

내마모성을 목적으로 하는 비교적 두꺼운 크롬도금 또는 경질 크롬 도금.

◑ **다공성 크롬 도금(porous chromium coatings)**

미리 표면에 조악한 크롬 도금을 한 후, 에칭에 의하여 다공정으로 만들어 유(oil)의 보지성을 부여한 크롬도금.

◑ **다층 도금(composite plating)**

2중 이상의 금속을 층상으로 부착시킨 도금.

◑ **부분 도금 방지제(stop-off material)**

전착을 방지하기 위하여 사용하는 재료.

◑ 배럴 도금(barrel plating)

회전 용기 중에서 하는 전기 도금.

◑ 붓도금(brush sponge plating)

도금액을 붓이나 스폰지에 흡수시켜서 양극으로 하고, 음극으로 된 물체의 표면을 쓸어주면서 도금하는 것.

◑ 새틴 마무리(stain finish)

액체 호닝, 와이어 호일 등에 의해 표면을 거칠게 하는 도금 방법.

◑ 스트라이크(striking)

정상 전류밀도보다 높은 전류 밀도에서 짧은 시간 도금하는 것. 여기에 사용하는 도금욕을 `스트라이크욕`이라 한다.

◑ 욕관리(bath control)

도금욕의 상태를 정상으로 유지하기에 필요한 욕의 관리.

◑ 유리시안화물(free cyanide)

도금욕 중의 금속 성분을 시안착염으로 만드는데 필요한 양 이상의 시안화물.

◑ 크로메이트 처리(chromate treatment)

크롬산 또는 중크롬산염을 주성분으로 하는 용액 중에 침지하여 방식 피막을 생산하는 방법. 주로 아연과 카드뮴도금의 후처리에 사용한다.

◑ 활성탄 처리(active carbon treatment)

도금욕 중의 유기 불순물을 흡착 제거하기 위하여 활성탄을 사용하는 처리.

◑ 플래시(flash)

아주 짧은 시간에 실시하며 얇게 되는 도금.

◑ 도금 방지제(stop-off material)

도금되는 것을 방지하기 위해 사용하는 재료.

◑ 묻어 나감(drag-out)

도금조 내의 도금액이 피도금 물체나 다른 것에 묻어서 도금조 밖으로 유출되는 것.

◑ 묻어 들어감(drag-in)

도금조 밖의 액이 피도금 물체나 다름 것에 묻어서 도금조에 들어오는 것.

◑ 무광택 연마(dull finish)

광택을 내지 않는 도금.

◑ 베이킹(baking)

소재의 왜곡 제거 또는 도금의 수소 제거를 목적으로 실시하는 열처리.

◑ 덧살 붙임 도금(salvage plating electro sizing)

치수 규격 부족을 보완하기 위하여 실시하는 도금법.

◑ 인산염 처리(phosphating)

인산염을 함유하는 수용액(보통 플르오르화물을 함유함)에서 화학적으로 피막을 생성시키는 것.

◑ 원 랙크 방식(one-rack system)

수지 위에 도금할 때, 전처리와 도금 공정 사이에서 걸이를 바꾸지 않고 계속 사용하는 방식.

◑ 유리시안화물(free cyanide)

도금욕 속의 금속 성분을 시안화물착염으로 형성되는 데 필요한 양 이상의 시안화물.

◑ 약 전해처리(electrolytic purification, work-out, dummy plating)

도금욕에 금속 불순물을 제거하는 처리.

◑ 정지도금(vat plating, USA:still plating)

피도금 물체 각각을 음극에 걸어서 도금하는 방법.

◑ 접촉도금(contact plating)

석출되는 금속의 화합물을 함유하는 용액 속에서 소지를 다른 금속과 접촉되도록 침지하여 소지 위에 금속을 석출시키는 도금.

◑ 전 시안화물(total cyanide)

도금욕 중에 금속과 착염으로 존재하는 시안화이온과 유리된 상태로 존재하는 시안화물을 합친 전체 시안화물의 양.

◑ 전기도금(electroplating)

금속, 또는 비금속 표면에 금속을 전기화학적으로 석출(전착)시키는 표면처리. `도금법`이라고도 한다.

◑ 전주(electroforming)

전기도금법에 의한 금속제품의 제조, 보수, 또는 복제법.

◑ 2중 니켈도금(duplex nickel plating)

제 1층에 황을 함유하지 않은 무광택 또는 반광택 니켈도금을 하고, 그 위에 황을 함유하는 광택 니켈도금을 실시하는 도금법.

◑ 중첩 전류 도금(superimposed current electroplating)

직류 전류에 서지, 파형, 펄스, 또는 교류 등의 맥류를 중첩시켜, 주기적으로 전류를 조정해주면서 도금하는 것.

◑ PR(periodic reverse current plating)

전류의 방향을 주기적으로 바꾸면서 전해하는 것.

◑ 헤어라인 연마(hair line finish)

기계적 방법에 의해서 표면에 방향성이 있는 줄무늬를 만들어주는 연마법.

◑ 화학도금(chemical plating)

금속또는 비금속 표면에 금속을 화학적으로 환원 석출시키는 표면처리.

◑ 화성처리(conversion treatment)

화학적 처리에 의해 금속 표면에 안정된 화합물을 생성(고착)시키는 표면처리.

11.3 연마와 전처리

◑ 광택 침지(bright dipping)

금속 표면에 광택을 부여하는 침지 방법.

◑ 바렐 연마(tumbling barrelling)

피연마 물체를 연마제 등과 함께 회전시켜 연마하는 것.

◑ 버프 연마(buffing)

헝겊 등 적당한 물질로 만든 연마 바퀴를 버퍼라 하며, 그 표면에 에머리나 유성 연마제를 붙여서 연마하는 방법.

◑ 버프 표면 속도(surface speed)

버퍼가 회전할 때 1분간의 표면 속도.

◑ 벨트 연마법(belt sanding)

연마제를 부착한 연마 벨트를 사용하여 연마하는 방법.

◑ 산세법(pickling)

산 종류의 수용액에 침지하여 녹이나 스케일을 제거하는 방법.

◑ 스머트(smut)

산세 및 알칼리 탈지 후 표면에 남아 있는 검은 색의 물질.

◑ 알칼리 탈지(alkali cleaning)

알칼리 용액에 의한 탈지.

◑ 에칭(etching, etch)

금속 또는 비금속 표면을 화학적, 또는 전기 화학적으로 부식시키는 것. 수지류 소재 위에 도금하는 경우, 산화제가 함유된 용액에 수지를 침지하고, 표면을 거칠게 하는 동시에 화학적 변화를 일으키게 하는 것.

◑ 용제 탈지(solvent cleaning)

유기 용제를 사용하여 금속 표면의 유지 등을 제거하는 방법.

◑ 전처리(pretreatment)

도금 공정에 있어서 물품을 도금욕 중에 넣기 전에 행하는 여러 공정.

◑ 전해 연마(electrolytic polishing)

금속 표면을 특정 용액 중에서 양극으로 용해시켜 평활한 광택을 얻는 방법.

◑ 전해 탈지(electrolytic cleaning)

알칼리 용액 중에서 소지를 양극이나 음극으로 하여 전해해서 표면으로부터 유지나 더러움을 제거하는 방법. 음극법, 양극법, 또는 PR법 등.

◑ 화학 연마(chemical polishing)

금속 표면을 여러 가지 조성의 용액 중에 단시간 침지하여 평활한 광택면을 얻는 연마.

◑ 광택 침지(bright dipping)

금속 표면을 여러 가지 조성의 용액 속에 단시간 침지시켜 광택면이 되도록 하는 것.

◑ 매트 연마(matt finish)

무 방향성의 무광택면으로 연마하는 것.

◑ 배럴 버니싱(barrel burnishing)

연마 처리법의 한 방법이며, 표면층을 제거하지 않고, 압력을 가하여 문질러 표면을 평활하게 하는 방법. 일명 `버니싱 연마`라고도 한다.

◑ 배럴 작업(barrel processing)

물품을 회전 용기 속에 넣고 회전시키면서 기계적, 화학적, 또는 전해 처리하는 방법 전체를 말하며, 배럴 버어니싱(barrel burnishing), 배럴 연마법(barrel polishing), 배럴 탈지법(barrel cleaning), 배럴 도금법(barrel plating)등이 있다.

◑ 블라스팅(blasting)

가공면에 고체 금속, 광물성 혹은 식물성의 연마제를 고속도로 분산시켜, 그 표면을 세척, 마모, 또는 표면 강화 시키는 것.

◑ 습식 블라스팅(wet blasting)

미세한 입자로 된 연마제를 함유하고 있는 물, 또는 이에 적합한 부식 억제제를 함유하고 있는 것을 금속 제품에 분사시켜서 세척함과 동시에 균일하게 거칠기 마무리를 하는 것.

◑ 액체 호닝(liquid honing)

습식 블라스트법과 같다.

◑ 산침지(acid dipping)

금속을 산 종류의 수용액에 침지하여 비교적 단시간 그 표면을 화학적으로 처리하는 것.

◑ 산 세척법(acid cleaning)

산 용액에 탈지 산세를 겸한 것.

◑ 새틴 연마(satin finish)

방향성이 있는 무광택 면으로 연마하는 것.

◑ 센서타이저 액티베이터법(sensitizer activater process)

Sn^{2+}을 함유한 액에 침지시켰다 꺼내어 Pb^{2+} 또는 Ag^{2+}를 함유하는 액에 침지하여 화학도금의 반응을 촉진시키는 방법.

◑ 에멀션 탈지(emulsion cleaning)

유화액을 사용하여 피도금물을 탈지하는 것.

◑ 어닐링(annealing)

일정 온도를 가열하여 성형에 의해 생긴 왜곡(변형, 비틀어짐)을 제거하는 것.

◑ 예비 에칭(pre-etching)

에칭처리가 잘 되도록 하기 위해, 먼저 가공물을 유기용제에 침지하는 것.

◑ 캐털라이저 엑셀러레이터법(catalyser-accelerator process)

Sn^{2+}와 Pb^{2+}의 혼합에 의해 생긴 파라듐 그로이드액에 침지시켰다 꺼내어, 염산용액에 침지시키므로서 화학 도금의 반응을 촉진시키는 것.

◑ 탈지(cleaning)

표면으로부터 기름, 기타 오염된 것을 제거하고 표면을 깨끗이 하는 것.

◑ 화학 연마(chemical polishing)

금속 표면을 여러 가지 조성의 용액 속에 침지시켜, 평활한 광택면이 되도록 하는 것.

◑ **활성화(activation)**

표면의 부동태를 파괴시키는 것을 목적으로 하는 처리.

◑ **회전 연마(tumbling)**

물품을 회전 용기 속에서 연마하는 것.

11.4 재료 및 설비

◑ 걸이(plating rack,rack, jig)

도금하는 물품을 받치거나 전류를 통하는데 사용되는 지그.

◑ 격막(diaphgram)

양극 부분과 음극부분을 분리하는 다공성 또는 투과성 막.

◑ 광택제(brightner)

도금 피막에 광택을 주기 위해 도금욕에 가하는 첨가제.

◑ 양극 주머니(anode bag)

양극 슬라임이 물품에 영향을 주지 않도록 양극을 격리하는 주머니.

◑ 억제제(inhibitor)

화학 반응이나 전기 화학 반응을 방해하는 물질.

◑ 에머리 버프(emery wheel)

헝겊으로 만든 버프에 에머리분말이나 용융 알루미나 등 연마제를 부착시킨 것.

◑ 여과조제(filter aid)

여과포의 눈금이 막히는 것을 방지하고 여과면적을 넓히려고 사용하는 화학적으로 불활성이며 불용성 물질.

◑ 완충제(buffers)

도금액의 pH변화를 방지하기 위해 첨가하는 염과 화합물.

◑ 유성 연마제(oil type buffing compound)

연마 분말과 지방산, 광유 및 금속 비누의 혼합물로 되어 있는 연마제.

◑ 자동 도금장치(automatic electroplating machine)

탈지와 도금 공정을 기계화하여 자동적으로 행하는 도금장치.

◑ 첨가제(addition agent)

도금의 성질을 향상시킬 목적으로, 도금욕이나 기타 처리액에 첨가하는 물질.

◑ 계면 활성제(surface active agent)

표면 장력을 감소시켜, 잘 적셔지도록 하든가, 또는 유화 분산 등의 목적으로 사용되는 물질.

◑ 극봉(bar(anode or cathode))

전해조에 고정된 도전부를 말하며, 부스바에서 양극, 음극으로 전류를 통해주는 금속으로 된 봉.

◑ 버프(buff)

헝겊 또는 기타 적합한 재료로 만든 연마 바퀴.

◑ 레지스트(resist)

화학 또는 전기화학 반응을 방지하기 위해 피도금 물체 또는 전극 등의 표면 일부를 피복하는 물질.

◑ 킬레이트제(chelating agent)

금속 이온에 배위하며, 환상구조를 갖는 착화합물(킬레이트 화합물)을 만드는 화학 물질.

11.5 시험 및 검사

◑ 강구 압입 시험(steel ball indentation test)

도금면에 강구를 눌러서 눌린 흔적 주위의 면화로부터 도금의 밀착성을 측정하는 시험.

◑ 거친 도금(rough surface rough deposit)

도금욕 중의 고체 부유물이 도금층에 들어와 생긴 작은 돌기가 많은 도금.

◑ 구름낀 도금(cloudy surface)

광택 도금에 있어서 도금 조건이 나쁘거나 불순물 때문에 광택이 흐려진 것.

◑ 노듈(nodule surface)

과대한 전류로 인해 모서리 및 음극에 생긴 돌기형의 도금.

◑ 도금 유효면(significant surface)

도금 검사의 대상이 되는 면. 용도상으로 중요한 도금면을 말하며, 뒷면이나 그리 주요하지 않은 곳은 제외된다.

◑ **밀착성(adhesion)**

도금층이 소지에 붙어 있는 세기의 정도.

◑ **박리(peeling)**

도금층이 소지로부터 떨어지는 것.

◑ **분사 시험(tet test)**

부식성 용액을 도금면에 분사시켜, 도금층이 용해되는 시간으로부터 도금의 두께를 측정하는 시험.

◑ **수소 취성(hydrogen embrittlement)**

탈지, 산세 및 도금 과정에서 수소를 흡수하여 금속이 부서지는 것.

◑ **염수 분무 시험(salt spray test)**

도금의 내식성을 조사하기 위하여 시료를 일정 조건의 식염수 분무 중에서 부식 상태를 조사하는 시험.

◑ **얼룩점(stain spots)**

소지의 미세한 구멍에 산세액 도금액 등이 잔류하여 생긴 오염.

◑ **육안 검사(visual test)**

외관적으로 도금 밀착성의 양, 불량과 핏트 및 타는 도금 등의 결함의 유무를 검사하는 것.

◑ **유공도 시험(porosity test)**

도금층의 핀홀의 유무를 조사하는 것.

◑ 우윳빛 도금(milky surface)

크롬 도금의 경우, 전류 밀도가 낮거나, 도금욕의 온도가 높은 경우에 생기는 광택도가 낮은 금속 도금.

◑ 적하 시험(drop test)

부식성 용액을 도금면에 적하하여, 도금층이 용해되는 시간으로부터 도금 두께를 측정하는 시험.

◑ 겉모양 시험(visual test)

도금 표면의 결함 유무를 육안으로 조사하는 시험.

◑ 균열(crack, cracking)

피막 표면에서 방향도 일정치 않고 불규칙하게 깨어지는 것.

◑ 굽힘 시험(bending test)

피 도금을 굽혀서 도금 밀착성을 조사하는 시험.

◑ 다공률(porosity test)

다공성 크롬 도금면의 일정 면적내에 틈 또는 구멍이 존재하는 면적의 비율을 백분율(%)로 나타내는 것.

◑ 도금 유효면(significant surface)

도금된 표면에서 용도상 중요한 표면을 말한다. 예를 들면 뒷면 등과 같이 주요하지 않은 부분은 제외한다.

◑ 레이팅 넘버(rating number)

부식 면적과 유효 면적의 비율에 의해서 부식 정도를 나타내는 평가 방법. 10에서 0으로 구분되어 있다.

◑ 무도금(bare spot, void, uncovered)

도금이 안 된 상태. 저전류 밀도 부분등에 생기기 쉽다.

◑ 밀착성(adhesion)

도금층이 하지에 부착되어 있는 힘의 강도.

◑ 박리시험(peeling test)

도금 피막의 일정한 폭을 수직으로 벗기면서 소지와의 밀착력을 구하는 시험.

◑ 변색(tarnishing, tarnish)

환경 등에 따라, 도금면이 본래의 색상을 잃는 현상.

◑ 별 모양 부식(crow's feet, star-shaped defect)

부식 시험 등으로 발생된 별 모양의 부식 결함.

◑ 부풀음(blister)

도금층의 일부가 소지나 하지층과 밀착하지 않고 부풀어 있는 상태.

◑ 수지상 도금(trees dendrite)

피 도금 물체에 생기는 줄무늬 또는 불규칙한 돌기물.

◑ **아황산 가스(sulfur dioxide test, SO_2 test)**

습성 아황산가스가 함유된 분위기 속에 시료를 폴로시켜내식성을 조사하는 시험.

◑ **위스커(whiskers)**

단결정의 금속 섬유 성장물로, 저장 중 또는 사용 중 자연적인 발생, 혹은 도금 처리 중에 발생될 때도 있다.

◑ **와전류식 두께 측정법(Eddy current method for measuring thickness)**

장치와 시료사이에 와전류를 통전하며, 피막의 두께에 따라서 와전량이 변화하는 것을 측정하여 두께를 구하는 것.

◑ **압출 시험(push out test)**

도금층의 뒷면에 구멍을 뚫어, 압출봉으로 도금층을 파괴해서 도금의 밀착성을 조사하는 방법.

◑ **열 사이클 시험(thermocycle test)**

시료를 지정된 두 종류 이상의 온도로 시험하면서 상온과 교대로 유지시키면서, 도금의 말착성을 조사하는 시험.

◑ **유백색 도금(milky surface, dull stain, slightly milky)**

크롬도금의 경우에 있어서 전류밀도가 너무 낮거나, 도금욕의 온도가 너무 높거나 할 때 생기는 광택이 부족한 도금.

◑ **잔금(praze)**

부식 시험에 있어서, 자연적으로 발생한 미세한 망상 모양의 균열.

◑ **적하법(dropping test)**

부식성 용액을 도금면에 적하하여 도금층이 용해 제거 되는데 필요한 시간으로부터 도금 두께를 구하는 시험.

◑ **전해식 두께 측정법(coulometric thickness test)**

특정한 전해액으로 도금면을 양극 전해하여 도금층을 용해 제거하는데 필요한 시간으로부터 도금 두께를 구하는 방법.

◑ **자력식 두께 측정법(magnetic method for measuring thickness)**

자력이 자성 소지 금속위의 비자성 피막 두께에 의해 변화하는 것을 측정하여 두께를 구하는 빙법.

◑ **아세트산 염수 분무(acetic acid salt spray test, ASS test)**

염화나트륨과 아세트산의 혼합 용액이 분무되는 속에 시료를 노출시켜 내식석을 조사하는 시험.

◑ **베타선식(β-ray) 두께 측정법(beta back-scatter method fot measuring)**

시료에 베타선을 쪼여서 후방 산란되는 베타선 강도가 피막의 두께에 따라서 변화하는 것을 측정하여 두께를 구하는 방법.

◑ **캐스 시험(CASS test, copper-accelerated acetic acid salt spray test)**

염화나트륨, 아세트산 및 염화제2구리 혼합용액이 분무되는 속에 시료를 폭로시켜, 내식성을 조사하는 시험.

◑ **탄도금(thickness burnt deposits)**

조잡한 도금에서 주로 과대전류 밀도로 인해 생긴 거친 도금.

◑ 혹 모양 도금(nodule)

피도금 물체에 생기는 둥그스름하게 생긴 돌기현 도금.

◑ 코로드코트 시험(corrodkote test)

부식성 약품을 함유한 페이스트(죽과 같은 상태)를 시료에 발라서, 일정 온도 및 습도로 유지하여 내식성을 조사하는 시험.

◑ 피트(pit)

도금면에 생기는 미소하게 패인 부분.

◑ 핀 홀(pore, pinhole)

도금 표면에서 소지나 하지 금층까지의 가는 구멍.

◑ 페록실 시험(ferroxyl test)

시험지를 페로시안화칼륨, 페리시안화칼륨 및 염화나트륨의 혼합액에 침지하여, 그 시험지를 도금면에 붙여서 도금의 핀홀을 조사하는 시험.

◑ 형광 X선식 두께 측정법(X-ray spectrometric method for measuring thickness)

시료에 X선을 쪼여주면, 소지 및 피막으로부터 특유한 형광 X선이 방사된다. 이 형광 X선 강도를 측정하여 두께를 구하는 방법.

뿌리기술

도금전후처리 개론

2025년 4월 20일 인쇄 발행

저 자	고재철
발 행 인	송기수
발 행 처	도서출판 위즈덤플
편 집 처	도서출판 위즈덤플
편 집 인	공예서
표지디자인	도서출판 위즈덤플
인 쇄 처	트윈벨미디어
등록번호	제 2015-000009 호
ISBN	979-11-89342-72-2(93500)

주 소	서울 은평구 증산로 15길 69, 2층
전 화	02-976-7898, 02-3272-7898.
팩 스	02-6468-7898
홈페이지	gsintervision.kr
E-Mail	gsinter7@gmail.com

정 가 25,000원